1.5 将照片设置为电脑壁纸

4.2.3 使用"色彩平衡"调整特定颜色

4.3.4 使用"渐变映射"制作双色调照片

4.4.2 对调整图层蒙版进行
编辑设置部分暗调

4.5 制作复古风格的艺术照片

5.1.2 调整曝光过度的照片

5.2.1 去除脸部的油光

5.3.1 增加照片的光晕效果

5.3.2 增加照片的聚光灯效果

5.3.4 让暗淡的照片变得色彩
亮丽

5.4 青色调的梦幻照片处理

6.1.2 使用"污点修复画笔工
具"去除旧照片污迹

6.2.2 调整褪色的彩色照片

6.4.3 使用"色彩范围"更换照片背景

7.1.1 通过"渐变映射"制作黑白照片

6.5 完美修复残破的旧照片

7.6.1 "计算"命令

7.6.2 "应用图像"命令

7.7 淡彩的照片效果制作

8.2.1 创建流动的文字效果

8.2.2 创建变形文字效果

8.3.2 在照片中添加自定义图形

8.4 添加旅行心情文字

9.2.3 美化人物唇色

9.2.2 为眼部添加彩妆

9.3.1 美白皮肤

9.3.2 为人物制作健康肤色

9.5 绚丽的人物宣传照片制作

10.2.2 替换天空——色彩范围法

10.3.1 使用"通道混合器"将春天变成秋天

10.4.1 用混合模式模拟光照效果

10.4.3 使用渐变填充为风景增效

11.1.3 设置LOMO风格照片效果

11.2.1 微型景观特效制作

11.2.2 复古色调的视觉效果

11.3.1 个性签名照片的制作

11.3.2 仿老电影效果制作

12.1.1 "图层"功能解析

12.1.2 "通道"和"蒙版"的组合

12.4 科幻人物的合成制作

12.2.3 艺术照片的合成特效

12.3.1 合成游戏人物效果

14.1 特殊影调的处理　14.2 数码照片的商业化处理

14.3 个性化照片的合成艺术

视频教学 一看就会 无师自通 得心应手

中文版
Photoshop CS4
数码照片处理

华诚科技　编著

机械工业出版社
China Machine Press

本书是对数码照片后期处理的入门读物，通过Photoshop CS4软件的操作，以具体的实例对数码照片进行各种后期处理，让读者快速掌握照片处理方法与技巧。

　　本书共分14章，按从简单到复杂、从局部到主体的顺序编排，涵盖了数码照片处理所涉及的方方面面，包括数码照片基本知识介绍、照片的调色、问题照片的修复、抠图技巧、照片中添加文字、人物照片的修饰和美化、风景照片的处理、特效制作、合成处理以及数码照片的输出知识等。此外，在本书的最后，通过综合实例介绍了对数码照片的综合处理。

　　本书内容全面，图析文的讲解方式简单直观、方便易懂，适合喜爱数码摄影的初、中级读者作为自学参考书，也可作为学习Photoshop CS4软件的参考书，是一本实用性强的数码照片处理书籍。

图书在版编目（CIP）数据

中文版Photoshop CS4数码照片处理/华诚科技编著.—北京：机械工业出版社，2010.1

（新手易学）

ISBN 978-7-111-29150-3

Ⅰ.中　　Ⅱ.华　　Ⅲ.图形软件，Photoshop CS4　Ⅳ.TP391.41

中国版本图书馆CIP数据核字（2009）第217599号

机械工业出版社（北京市西城区百万庄大街22号　邮政编码100037）

责任编辑：李华君

北京京师印务有限公司印刷

2010年1月第1版第1次印刷

184mm×260mm・15印张（含0.25印张彩插）

标准书号：ISBN 978-7-111-29150-3

　　　　　　ISBN 978-7-89451-313-7（光盘）

定价：29.80元（附光盘）

凡购本书，如有缺页、倒页、脱页，由本社发行部调换

客服热线：(010)88378991；88361066

购书热线：(010)68326294；88379649；68995259

投稿热线：(010)88379604

读者信箱：hzjsj@hzbook.com

前　言

随着数码产品的普及，我们迈入了数码时代，而数码相机已成为这个时代的代表之一。使用数码相机可以在拍摄照片后马上看到照片效果，且不需要顾及拍摄照片的数量，只需要配备空间足够的存储卡，就可以随心所欲地拍摄出自己想要拍摄的对象。但受各种拍摄因素的影响，大多数拍摄的照片都不能达到理想的效果，这就需要对数码照片进行后期的修饰与个性化制作。Adobe 公司著名的图像处理软件 Photoshop 就是数码照片后期处理的利器，利用其便捷的处理、编辑和修复等功能，可以轻而易举地将原本平凡的日常生活照片调整为精致的摄影大片效果。

本书针对数码照片中出现的问题，与 Photoshop CS4 的基本知识相结合，帮助读者在较短时间内快速掌握使用 Photoshop 对照片进行编辑和修饰的各种技巧。

全书梗概

基础部分：前三章为数码照片和 Photoshop CS4 的基础知识介绍，第 1 章主要介绍数码照片的基本概念、照片的获取和查看等基础知识，让数码照片处理新手轻松入门；第 2 章主要介绍 Photoshop CS4 的启动、工作界面的认识、新建和打开文件等基础知识，以便读者简单地认识该软件；第 3 章主要介绍照片尺寸的查看与设置、照片裁剪、调整照片角度等数码照片的基本编辑，让读者轻松掌握简单的基础操作。

数码照片入门处理部分：第 4 章主要介绍 Photoshop CS4 的图像调整命令和调整图层等，对照片进行色调的调整，是读者必须掌握的内容；第 5 章主要介绍照片的影调调整，处理照片的特殊光色；第 6 章主要介绍对破损旧照片、色彩失真、背景杂乱等问题照片的修复，掌握对问题照片的拯救方法；第 7 章主要介绍彩色照片转换为黑白照片、抠图、锐化等照片高级处理技巧，将读者打造成修片大师；第 8 章通过介绍在数码照片中添加文字和图形，创造出个性照片效果。

数码照片高级处理部分：第 9 章讲解如何对人像照片进行修饰和美化，将普通人像照片打造成明星照片特质；第 10 章主要介绍对风景照片的编辑和增效，调整出如诗如画的美妙风景；第 11 章介绍对数码照片进行一些特效制作，将照片大变身；第 12 章介绍充分发挥想象，对数码照片进行合成制作；第 13 章介绍如何展示和输出数码照片；第 14 章为综合实例的制作。

III

本书特色

内容全面：包括了数码照片基本处理知识、常用处理技巧、修复方法、色调调整、受损照片的修复技巧、人像照片的修饰与美化、风景处理、合成技法、照片特效制作等知识点。

简单明了：以步骤的形式配以相应的图片，图析文的讲解方式简单直观、方便易懂，使读者轻松学习、快速掌握数码照片的处理。

专业指导：在实例操作中配以提示，解决操作中所遇到的技术问题；加入"补充知识"对文中的知识点做相应的补充说明，使读者更进一步地了解相关知识点；以"你问我答"的形式，将操作中会遇到的问题直观地罗列出来，解决读者可能出现的疑问；通过"摄影讲座"添加摄影专业知识，在学习对数码照片如何进行后期处理的同时，提高读者的摄影水平。

其他资源：本书提供的 DVD 光盘内容丰富，包括了书中使用的所有原始素材照片及制作完成的最终效果的 psd 格式文件，还提供了多媒体录音视频教程，包含了所有知识的全过程操作演示和语音讲解，如同老师现场指导，使学习更加直观、充满乐趣，让读者完全掌握数码照片的处理技术。

本书力求严谨细致，但由于水平有限，时间仓促，书中难免出现纰漏和不妥之处，敬请广大读者批评指正。

编　者

2009 年 11 月

目　录

V

新手易学

Chapter 1

新手入门

——数码照片的基础知识

要点导航

影响照片质量因素
颜色模式
获取照片
浏览器查看照片
重命名照片

数码照片是一种数字产物，是使用数码相机拍摄而来的，数码照片可直接输入到计算机中，通过合适的软件能进行查看、修饰。本章将学习数码照片的基础知识。

通过对数码照片的基本概念的理解，初步了解数码照片，学习数码照片的获取，将拍摄的照片导出到计算机中，并学会利用计算机查看数码照片，以及对数码照片进行拷贝、移动等基本操作，读者在学习本章后，将对数码照片有更深入的了解。

1.1 了解数码照片基本概念

视频学习 | 无

难度水平
◆◇◇◇◇

通过数码相机可以立即看到拍摄的数码照片，方便了对拍摄照片效果的掌握，但拍摄时也会受到其他因素的影响，使照片质量达不到理想的效果。在不同颜色模式下拍时也会对数码照片造成影响，通过对这些数码照片基本知识的了解，认识数码照片处理的必要性。

1.1.1 影响数码照片质量的因素

数码照片是通过数码相机获取的，拍摄出的照片质量如果达不到理想的效果，不仅是受到数码相机的影响，也可能受到拍摄者、气候等外界因素的影响。下面就具体介绍影响数码照片质量的几个常见因素。

1. 数码相机的分辨率

分辨率是指单位长度内排列的像素数目，这是表示在一个平面图像精细程度的概念。在使用数码相机拍摄照片时，分辨率越高，拍摄到的照片就会越细致，反之就会拍出粗糙的照片效果。

2. 抖动

抖动是照片清晰的大敌，可造成照片模糊的效果，因此可选择防抖镜头或防抖机身，也可使用三脚架或独脚架，固定相机位置，减轻相机的抖动。

3. 曝光

曝光直接影响数码照片的效果，曝光过度就会造成照片部分过亮，失去层次，而曝光不足的照片会出现部分过暗，解决相机曝光可通过设置相机模式，让相机决定曝光、利用自动曝光锁定功能、设置曝光补偿以及利用包围曝光功能以获得正确的曝光。

4. 光圈

光圈位于数码相机镜头的内部，会对镜头的成像效果产生直接影响，光圈越小，画面成像清晰部分越多，景深就越大。反之，光圈越大，画面成像清晰部分越小。光圈也影响曝光量，光圈值越小，实际光圈就越大，曝光量也越大。

5. 快门

快门是镜头前用来阻挡光线进入，控制曝光时间长短的机械或电子装置，当拍摄运动物体时，如果快门开启的时间过长，运动的物体有足够的时间在镜头产生移动，拍摄出来的照片就会模糊。因此在拍摄运动物体时，需要将快门速度设置较快。

6. 光线

光线是影响照片质量的另一重要因素，在正确的光线条件下，才能拍摄出自己需要的照片效果。可通过利用自然光、现场光及人造光来增强或减少进入镜头的光线，从而满足不同场合的拍摄需要，拍摄到令人心仪的照片。

7. 构图

在使用数码相机进行拍摄时，如果构图杂乱、缺乏主体就不能很好地将拍摄物体展示出来。需要了解的是不管是采用何种构图方式，最终目的是表现需要拍摄的主体对象。

8. 解码

数码相机拍摄的照片都要经过一个解码的过程，用 JPEG 格式拍摄时相机直接解码，解码用到的参数都在拍摄前确定，后期调整都是有损失的；用 RAW 格式拍摄是在电脑上解码，解码用到的参数可以无损地随意调整。

2

1.1.2 不同颜色模式对数码照片的影响

数码照片可通过在电脑中的设置，转换为不同的颜色模式，以便于对照片进行查看编辑等后期处理，掌握各种颜色模式的优点，可灵活地将照片转换为适合的颜色模式。下面将具体介绍常用的图像颜色模式。

1. RGB 模式

RGB 颜色模式下的图像是通过对红、绿、蓝 3 个颜色通道的变化以及它们相互之间的叠加来得到各式各样的颜色效果，是常用的图像颜色模式。

2. CMYK 模式

CMYK 颜色模式是一种印刷模式，在输入数码照片时，可将其转换为该模式。CMYK 模式的照片所占用的存储空间较大，显示出的颜色比 RGB 模式要少一些。

3. Lab 模式

Lab 模式是 Photohosp 软件内部的颜色模式，也是目前所有的颜色模式中包含色彩范围最广的颜色模式。在不同系统和平台之间转换照片时，为了保持图像色彩的真实性，就可将照片转换为 Lab 颜色模式。

4. 索引模式

索引模式是一种专业的网络图像的颜色模式，在该模式下只能显示出 256 种颜色，因此会出现颜色失真的现象。但在该模式下可以极大地减小照片的存储空间，多用于制作媒体数据。

5. 位图模式

在位图模式下，可使用黑色或白色两种颜色之一来表示照片效果，在该模式下图像的颜色信息被减少，使得文件变小，易于操作。

6. 灰度模式

灰度模式是由黑、白、灰 3 种颜色组合的色彩模式，即将彩色照片颜色去除，转换成为黑白照片效果。

3

1.2 数码照片的获取

难度水平

◆◆◇◇◇

关键字

画笔、绘制、颜色替换、擦除图像

视频学习 光盘\第1章\1-2-1通过读卡器获取照片、1-2-2通过连接数据线从数码相机中导出照片

拍摄好数码照片后，可通过多种方法获取到数码照片。可通过数码相机的USB接口将照片上传到电脑中,也可通过读卡器将存储卡中的照片导出，还可以连接打印机，将拍摄的照片直接打印出来等。可根据具备的条件选择适合的方法获取拍摄到的美丽照片。

1.2.1 通过读卡器获取照片

在数码相机中取出存储卡，将其放置到读卡器中，然后将读卡器插入到电脑的 USB 接口上，就可以将存储卡中保存的数码照片打开，然后通过复制将照片传输到电脑中，方法简单、操作方便。下面介绍具体的操作步骤。

步骤1： 将读卡器连接电脑。

❶ 将存储卡插入到所配置的读卡器中，注意在读卡器中选择正确的插口。

❷ 将已插入存储卡的读卡器连接在电脑的 USB接口上。

步骤2： 获取照片。

在电脑桌面中弹出的对话框中，选择"打开文件夹以查看文件"，然后单击"确定"按钮，即可以文件夹的形式打开存储卡中的照片。

1.2.2 通过连接数据线从数码相机中导出照片

　　利用数码相机配置的数据线，将相机与电脑的 USB 接口直接进行连接，通过电脑中弹出的对话框，将照片在电脑中打开。下面介绍具体的操作步骤。

步骤1：用数据线连接。
用数据线在数码相机中插入USB接口，然后在启动的电脑上同样插入USB接口，将相机与电脑连接。

步骤2：选择选项。
在电脑桌面弹出的对话框中，选择"Microsoft扫描仪和照相机向导"选项，然后单击"确定"按钮。

步骤3：安装扫描仪和照相机向导。
在打开的"扫描仪和照相机向导"对话框中，单击"下一步"按钮，进行安装。安装完成后，就可将数码相机中所保存照片的文件夹打开，就可看到该相机中的所有照片。

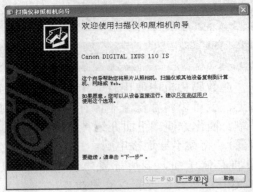

1.3 数码照片的查看

关键字
照片浏览器、ACDSee

难度水平
◆◆◇◇◇

视频学习 | 无

在电脑中对数码照片进行查看，一般使用的是 Windows 图片和传真查看器及 ACDSee 浏览器，可在这两个软件中对照片进行缩放、旋转、切换等，操作方法简单，照片浏览方便。

1.3.1 从图片浏览器查看照片

利用 Windows 系统中自带的图片浏览器——"Windows 图片和传真查看器"，可以完成基本的照片查看操作。更方便照片的查看，在打开的"Windows 图片和传真查看器"对话框中，可对照片进行缩放、旋转等下面介绍具体的查看步骤。

步骤1：执行菜单命令。

在电脑中打开照片文件夹，选中需要查看的照片后，执行"文件>打开方式> Windows图片和传真查看器"菜单命令。

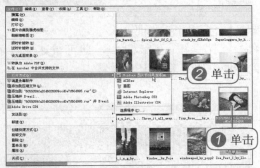

步骤2：打开对话框查看照片。

执行命令后，即可打开"Windows图片和传真查看器"对话框，在对话框中以适当大小显示该照片。

在浏览器中查看照片

步骤3：放大显示照片。

单击对话框下方的"放大"按钮，然后使用放大工具在照片中单击，即可放大查看照片。

步骤4：旋转查看照片。

单击"顺时针旋转"或"逆时针旋转"按钮，可对照片进行旋转查看。查看后单击右上角的"关闭"按钮，即可退出查看。

5

1.3.2　使用ACDSee查看照片

使用 ACDSee 图像软件可以以正常和幻灯片两种模式查看图像，利用该软件还可以对照片进行格式转换、重命名和分类管理等，它是非常灵活的图像查看软件。下面介绍使用ACDSee 查看照片的具体方法。

步骤1：选择打开方式。

在文件夹中对需要查看的照片单击鼠标右键，在打开的菜单中单击"打开方式"，在弹出的子菜单中单击ACDSee选项。

步骤2：查看照片。

在弹出的ACDSee图像窗口中即显示了所选的照片，并以该照片的实际尺寸大小显示。

在浏览器中查看照片

步骤3：缩小查看。

在ACDSee窗口中单击上方名称为"缩小"的图标，即可将照片按一定比例进行缩小，窗口中多出的部分即以黑色显示。

① 单击
② 查看缩小照片效果

步骤4：查看下一张照片。

单击"下一个"图标，即可快速地显示文件夹中的下一张照片效果。

① 单击
② 查看下一张照片效果

提示：查看照片属性

在 ACDSee 中，还可对当前查看的照片属性进行查看和设置。单击"属性"图标，在打开的"属性"对话框中，提供了三个选项卡，可对照片的"数据库信息"进行设置，包括照片说明、作者、注释、时间等，在"图像属性"选项卡中显示了照片的格式、尺寸大小、文件大小、压缩比例等信息，并在"元数据"中显示了照片的所有元数据信息。

7

1.4 拷贝和重命名数码照片

关键字
拷贝、重命名

视频学习 无

难度水平
◆◆◆◇◇

从数码相机中获取照片后，可在电脑中打开并显示照片，也需要将照片从相机或某个文件夹中拷贝到电脑或另一个文件夹中，或是更改照片名称，方便在电脑中寻找和查看照片。通过对照片进行这些操作，对大量的照片也可有序地进行管理。

1.4.1 拷贝数码照片

在打开的照片文件夹中，可对单张照片进行拷贝，也可对多种以及整信文件夹中照片进行拷贝。通过"编辑"菜单中的"复制"与"粘贴"命令来完成。下面具体介绍照片的几种拷贝方法。

1. 利用编辑菜单拷贝照片

在打开的文件夹中选中需要拷贝的照片，然后执行"编辑＞复制"菜单命令，将选中照片复制，在电脑中打开需要拷贝的位置，再执行"编辑＞粘贴"菜单命令，粘贴该照片，即完成照片的拷贝过程。

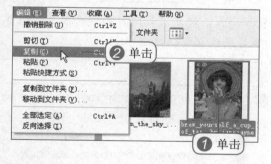

2. 通过鼠标右键拷贝照片

在需要拷内的照片上单击鼠标右键，在打开的菜单中选择"复制"选项，复制该照片，然后在需要拷贝的文件夹内同样单击鼠标右键，在打开的菜单中选择"粘贴"选项，完成照片的拷贝。

提示：利用快捷键拷贝全部照片

如果需要将文件夹内所有的照片进行拷贝，可通过快捷键来快速完成。按下快捷键 Ctrl+A 全选照片，按下快捷键 Ctrl+C 复制选中照片，在需要拷贝的位置内，按下快捷键 Ctrl+V 粘贴所复制的照片即可。

1.4.2 对照片进行重命名

数码照片一般是按照相机拍摄的顺序，依次以数字为照片命名，当照片导入到电脑后，可通过简单的方法对照片进行重命名，设置出以照片内容或自己喜欢的名称来表现照片，这方便了对照片的查找。下面介绍利用 ACDSee 更改照片名称的操作步骤。

步骤1:执行命令。

❶ 将要重命名的照片在ACDSee中打开。

❷ 在ACDSee窗口中执行"编辑>重命名"菜单命令。

步骤2:输入名称。

在打开的"重命名文件"对话框的"文件名"文本框内输入更改的照片名称,然后单击"确定"按钮,即可完成照片名称的更改。

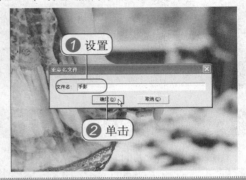

▶ **补充知识**

利用ACDSee还可以对打开文件夹中所有的照片进行批量重命名。方法是双击打开的照片,在ACDSee窗口中显示该文件夹中所有的照片,选中所有照片,单击鼠标右键,在打开选项中选择"批量序列重命名"选项,在打开的对话框中进行设置,就可对照片进行批量重命名。

8

━ ··· 知识进阶:将照片设置为电脑壁纸 ··· ━

利用ACDSee可以对照片进行裁剪、曝光调整等操作,提高风景照片的饱和度,将照片设置为电脑壁纸,以一幅画布丰富、色彩鲜艳的照片展现在电脑桌面中。

光盘	第1章 \ 将照片设置为电脑壁纸

❶ 打开随书光盘\素材\1文件夹,在1照片上单击鼠标右键,在弹出的菜单中单击"打开方式"选项,在弹出的子菜单中单击ACDSee。

❷ 照片即在ACDSee窗口中打开,单击"缩小"图标,将照片缩小到适当大小,方便查看。

❸ 单击"编辑"按钮,打开"ACD图像编辑器"窗口,选择"裁剪"按钮,使用裁剪工具在照片中拖曳创建裁剪区域。

❹ 在创建的裁剪区域内双击,确定裁剪,裁剪区域外的图像即被删掉。

拖曳

① 双击

② 查看裁剪效果

❺ 单击"颜色均衡"选项，在打开的"颜色均衡"对话框中，设置"饱和度"为10，"亮度"为6，然后单击"确定"按钮，可看到照片提高了饱和度与亮度。

❻ 执行"文件>另存为"菜单命令，在打开的"图像另存为"对话框中设置存储位置与名称，确定后关闭对话框，并关闭ACDSee图像编辑器窗口。

② 查看设置颜色均衡效果

① 设置

设置保存

❼ 在上一步骤中保存的位置中找到保存的照片，以ACDSee打开，然后在照片中单击鼠标右键，在打开的菜单中单击"设为壁纸"选项，在打开的子菜单中单击"居中"选项。

❽ 关闭ACDSee浏览器后，在电脑桌面上，就可看到设置的照片显示了电脑的壁纸效果。

单击

查看设置为壁纸效果

9

读书笔记

Chapter 2

简单认识

——Photoshop CS4基础知识

从本章开始认识 Photoshop CS4，了解该软件并学习对图像进行简单的操作，等等。

通过对软件的启动和退出、工作界面、工具箱、菜单命令等的认识，让读者对 Photoshop 有一定的认识，并学习到在软件中进行简单的操作，例如，新建文件、打开文件等，另外还将学会在 Bridge 中对照片进行基本的管理，快速掌握软件的基础知识。

2.1 认识Photoshop CS4

关键字
启动和退出、菜单、工具箱、面板

难度水平
◆◆◆◇◇

视频学习 光盘\第2章\2-1-1 Photoshop CS4的启动和退出

这里通过对Photoshop CS4软件的启动和退出的操作、工作界面的认识、工具箱、菜单以及面板的了解，来快速认识Photoshop CS4，让读者对该软件有一个基本的认识。

2.1.1 Photoshop CS4的启动和退出

在使用Photoshop软件对照片进行处理之前，启动该软件是必须要做的。当电脑中成功安装了Photoshop CS4软件后，就可通过"开始"菜单，运行该软件。下面介绍具体的启动和退出软件的操作步骤。

步骤1：执行命令。
执行Windows任务栏里的"开始>所有程序>Adobe Photoshop CS4"菜单命令。

步骤2：查看运行界面。
在桌面上即显示PS的运行界面，系统开始运行Photoshop CS4 程序，新的Photoshop CS4 运行界面的颜色为蓝色渐变，感觉更为舒适。

步骤3：查看运行后的工作界面。
PS运行完成后，即会弹出Photoshop CS4的工作界面，此时就可以开始进行各项操作了。新的PS工作界面为银灰色。

步骤4：退出程序。
当运行Photoshop CS4程序后，想要退出，可执行"文件>退出"菜单命令，或直接按下快捷键Ctrl+Q，即可马上退出程序。也可直接单击右上角的"关闭"按钮 ✕ 退出程序。

提示：用桌面快捷方式快速启动Photoshop CS4软件

为了使运行 Photoshop CS4 更加快捷，可通过创建桌面快捷方式快速启动。方法是执行"开始>所有程序"菜单命令，在打开的程序菜单中找到 Adobe Photoshop CS4，并单击鼠标右键，在弹出的菜单中执行"发送到>桌面快捷方式"命令，在电脑桌面上就可以看到 PS 图标的桌面快捷方式，双击这个图标就可以快速地启动 Photoshop CS4 软件。

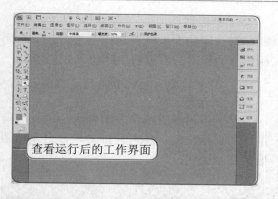

查看运行后的工作界面

单击

2.1.2 Photoshop CS4工作界面介绍

作为新版的 Photoshop CS4，在工作界面上作了很大的改变，整个界面为银灰色，在默认的工作界面中，在标题栏中新添加了一排工具和选项按钮，浮动面板以最小化显示排列在工作界面的右方，使整个工作区更大，利于编辑。下面详细了解 Photoshop CS4 的工作界面。

1. 标题栏

在 Photoshop CS4 中，在标题栏中新增加了查看额外内容、缩放级别、旋转视图工具、排列文档、屏幕模式等，使操作更加方便。

3. 属性栏

在属性栏中可设置当前选择工具的属性，根据所选择的工具不同，在属性栏中所提供的属性选项也不相同。

2. 菜单栏

提供了 11 个菜单，单击某个菜单，就会弹出相应的菜单命令。在 Photoshop CS4 中才出现的 3D 菜单，用于 3D 图形的编辑。

4. 工具箱

将软件中常用的工具以图标形式汇集在工具箱中，单击即可选中某个工具，也会在属性栏中显示该工具可设置的属性选项。

13

5. 图像窗口

显示打开的图像的窗口，用于在 Photoshop 中对图像进行操作，并直观显示所有编辑后的图像效果。

7. 面板

将 Photoshop 中的各种功能以面板的形式提供给用户，更利于掌握，使用起来更加方便。

6. 面板栏

将常用的面板转换为标签形态，单击面板栏上的标签，面板将以弹出形式显示。

8. 状态栏

显示当前编辑图像的文件大小以及当前图像的显示比例，还可通过输入数值调整图像的显示比例。

2.1.3 认识工具箱

工具箱将 Photoshop 的功能以图标的形式聚在一起，从工具的形态和名称就可以了解该工具的功能，将鼠标放置到某个图标上，即可显示该工具的名称。为了更方便地使用这些工具，还针对每个工具设置了相应的快捷键，使各工具之间的切换更为快捷。用鼠标右键单击工具图标下角的 ◢ 图标，或者按住按钮不放，即会显示该工具组中的其他隐藏工具。下面详细了解工具箱。

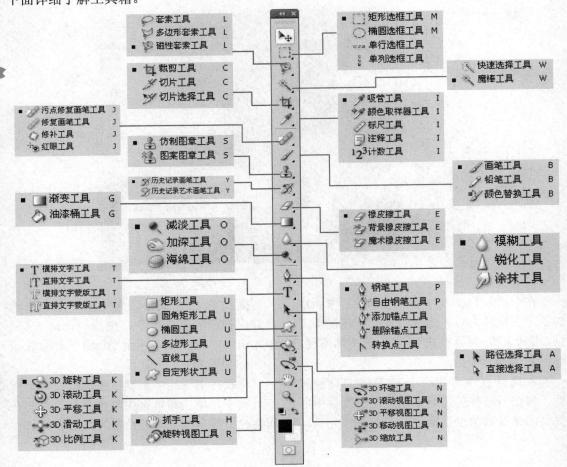

14

提示：设置工具箱的排列形式

工具箱可以两种形式显示，一种是短双条，另一种是长单条。当工具箱呈短双条排列时，在工具箱的上方灰色部分单击◀◀符号按钮，即转换为长单条排列，同样，再次单击即可返回到短双条排列形式。

2.1.4 了解菜单命令

在 Photoshop CS4 中提供了文件、编辑、图层、选择、3D、窗口等 11 个菜单，单击某个菜单，就会打开相应的下级菜单，通过菜单栏将软件中的所有命令集中起来，方便管理和操作。下面详细了解常用的各个菜单。

1. 文件菜单

执行"文件"菜单命令，在弹出的下级菜单中有新建、打开、存储、关闭、置入、打印等一系列对针对文件的基本操作命令

2. 编辑菜单

编辑菜单中提供的为用于对图像进行编辑的命令，包括还原、剪切、拷贝、粘贴、填充、变换、定义图案等。

3. 图像菜单

在图像菜单中的各命令主要用于对图像模式、颜色、大小等进行调整设置。

4. 图层菜单

用于对图层做相应的操作，如新建图层、复制图层、蒙版图层、文字图层、创建调整图层、填充图层等，这些命令方便了对图层的运用和管理。

5. 选择菜单

在选择菜单下的命令主要针对选区进行操作，可对选区进行反向、修改、变换、扩大、载入等操作。

6. 滤镜菜单

集中了 Photoshop 提供的多种滤镜命令，用于对图像设置一些特殊的效果。

7. 3D 菜单

新增的 3D 菜单针对 3D 图像执行相应的操作。通过这些命令可以打开 3D 文件，将 2D 图像创建为 3D 图形，进行 3D 渲染等。

8. 视图菜单

视图菜单中的命令可对整个视图进行调整设置，包括缩放视图、屏幕模式、标尺显示、参考线的设置等。

2.1.5 认识面板

在 Photoshop CS4 中根据功能的分类提供了 23 个面板，在这些面板中汇集了图像操作中常用的选项或功能。根据操作应用相应的面板，可以提高工作效率，制作出需要的效果。下面详细了解常用的各个面板。

1. 图层面板

用于编辑和管理图层，在面板中可进行新建图层、复制图层、创建图层样式、添加蒙版、创建调整图层、设置图层混合模式等操作。

2. 调整面板

在 Photoshop CS4 中才出现的调整面板，可直接在其中为图层或选区创建调整图层。创建某个调整图层后，就会打开相应的设置选项，并可通过预设的设置来直接添加调整图层。

15

3. 蒙版面板

针对像素蒙版和矢量蒙版进行编辑，选择或在蒙版面板中直接创建一个蒙版后，面板下方的选项才可用。

5. 路径面板

用于存储和编辑路径，通过在面板中的操作可将创建的路径转换为选区，或对路径进行描边等操作。

7. 颜色面板

颜色面板主要用于显示和设定前景颜色与背景颜色，在面板中通过拖曳滑块进行颜色的更改。

9. 段落面板

设置段落文本的信息，包括对齐设置、缩进设置以及段落格式的设置等，灵活运用面板进行操作，可以轻松地完成对段落文字的操作。

11. 动作面板

可将操作的步骤在动作面板中设置为一个动作，然后可将该动作应用于其他多个图像中，还可以选择预设的多种动作。

4. 通道面板

显示打开图像的颜色信息，通过设定达到管理颜色信息的目的。在面板中还可设定选区以及创建或管理通道。

6. 样式面板

提供了Photoshop中预设的多种样式，创建选区或选择图层后，在面板中单击某个样式按钮，即可将该样式应用到图像中。

8. 字符面板

用于对文本进行设置和更改，提供了字体、字体大小、颜色、间距等多种文字属性的设置选项。

10. 历史记录面板

历史记录面板将图像的制作过程按照操作的顺序记录下来，便于恢复操作。

12. 画笔面板

用于对画笔进行设置，可以对画笔笔尖的形状、直径和柔和等效果进行设置，或者创建新画笔和更改画笔名称等。

16

2.2 对图像的简单操作

难度水平
◆◆◇◇◇◇

关键字
新建、打开、保存

视频学习 光盘\第2章\2-2-1文件的新建、2-2-2文件的打开和保存

启动了Photoshop CS4后，就可以开始对图像进行操作了。这里就学习到对图像的简单操作，包括新建文件、打开图像以及存储图像，开始对图像进行操作。

2.2.1 文件的新建

通过文件菜单中的第一个命令"新建"，即可新建一个空白文件，在打开的"新建"对话框中可设置文件的名称、大小、分辨率、背景色等。下面介绍文件的新建的具体操作步骤。

步骤1：执行命令。
执行"文件>新建"菜单命令，或按下快捷键Ctrl+N，打开"新建"对话框。

步骤2：设置新建文件。
❶ 在打开的"新建"对话框中，通过"名称"文本框输入需要创建的文件名称，在宽度、高度和分辨率选项输入参数。
❷ 单击"确定"按钮，关闭对话框。

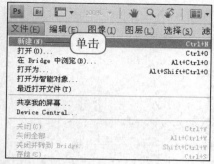

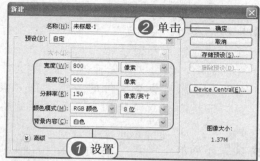

步骤3：查看新建文件。

根据上一步骤中"新建"对话框中的设置，在图像窗口中即创建了一个800×600像素大小的空白文件，并以白色填充背景内容。

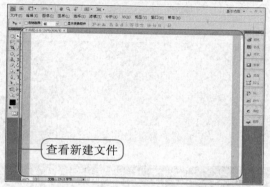

查看新建文件

2.2.2 文件的打开和保存

文件的打开是通过执行"文件>打开"菜单命令，在"打开"对话框中选择需要打开的文件。通过"存储"命令可将文件保留到计算机中指定的位置。下面详细介绍文件的打开和保存操作步骤。

步骤1：选择素材。

执行"文件>打开"菜单命令，在"打开"对话框中选择随书光盘\素材\2\1.JPG素材文件，然后单击"打开"按钮。

步骤2：查看打开文件效果。

根据上一步骤的设置，在图像窗口中可看到将选择的文件打开。

查看打开文件效果

步骤3：保存文件。

❶ 执行"文件>存储为"菜单命令，在打开的"存储为"对话框中，通过"保存在"选项，设置文件保存的位置，"文件名"文本框可设置文件的名称，在"格式"下拉列表，可选择存储的文件的格式。

❷ 设置完成后，单击"保存"按钮，就可将文件保存。

▶ 补充知识

在 Photoshop 中打开文件可通过多种方法完成，一种方法是前面介绍的通过"文件>打开"菜单命令，在"打开"对话框中完成；第二种是按下快捷键 Ctrl+O，快速打开"打开"对话框；第三种是在界面灰色区域内双击打开"打开"对话框；第四种方法是在 Bridge 中双击需要打开的文件，即可在 Photoshop 图像窗口中打开图像。

2.2.3 存储为其他文件格式

对编辑后的照片执行"文件>存储为"菜单命令，在打开的"存储为"对话框的"格式"下拉列表中可选择和设置需要的文档格式，包括 Photoshop(PSD)、GIF、JPG、PNG、TIFF、EPS 格式等。下面对这些文件格式作详细的了解。

1. PSD

PSD 格式是默认的 Photoshop 文件格式，它是操作灵活性很强的文档格式，在该格式下的文档中保留了所有的图层、蒙版、路径、通道、图层样式、调整图层和文字等信息。使用该格式保存的文档可以再次在 Photoshop 中打开并进行设置。

2. JPEG

JPEG 格式常缩写为 JPG，可缩小文件容量，将图像压缩后保存的文件格式，适用于因特网上的文件格式，但缺点是因为压缩会降低图像的画质。

3. GIF

GIF 格式是一种 LZW 压缩的格式，可最小化文件大小和电子传输时间，可将图像的指定区域设置为透明状态，还可以保存动画效果。

4. EPS

EPS 格式为印刷时使用的文档格式，在该格式下印刷出的图像与原图像非常接近，并且提供印刷时对特定区域进行透明处理的功能。

5. TIFF

TIFF 格式是图像文件格式中最复杂的一种，它具有扩展性、方便性、可改性，能最大限度地保存原照片的所有信息。

6. PNG

PNG 格式压缩比高，生成文件容量小，并使用无损压缩，并且允许连续读出和写入图像数据。

2.3 使用Bridge管理照片

关键字
导航、大尺寸预览、删除文件

视频学习 无

难度水平
◆◆◆◇◇

Adobe Bridge 是一个文件浏览器，可以组织、浏览和寻找所需要的图片资源，可方便地访问本地 PSD、AI、INDD 等多种应用程序文件，在 Bridge 中可对照片进行查看、搜索、排序等管理。

2.3.1 用Bridge导航照片

在 Photoshop 中单击标题栏中的"启动 Bridge"按钮 Br ，就可将 Bridge 界面打开。通过"收藏夹"面板，可选择文件夹，并在中间"内容"面板中显示选中文件的图像缩览图，快捷地导航照片。下面介绍具体的操作步骤。

步骤1：启动Bridge。
在Photoshop中单击标题栏中的"启动Bridge"按钮 Br ，启动Bridge，在工作界面中单击"收藏夹"面板中的"我的电脑"，在"内容"面板中选择照片文件。

步骤2：浏览照片。
在"内容"面板中，显示了选中文件夹中照片的缩览图。单击其中一张照片，在右上方的"预览"面板中，即显示该照片的效果，并显示该照片的元数据和文件属性。

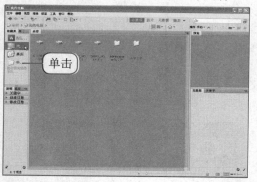

2.3.2 大尺寸预览照片

在默认的 Bridge 工作界面中，照片的"预览"面板较小，可显示的照片尺寸也较小。为了能更清楚地查看照片，可通过缩小或隐藏其他面板，放大"预览"面板的显示，以大尺寸预览照片。下面介绍详细的操作步骤。

步骤1：缩小面板。
❶ 在Bridge中使用鼠标在"内容"面板右侧边框上单击并向左拖曳，缩小该面板。
❷ 继续向左拖曳，或将"内容"面板隐藏。

步骤2：查看大尺寸预览效果。
根据自己的需要，用同样的方法，对其他面板进行缩小或隐藏，即可将"预览"面板放大，以大尺寸展现照片效果。

19

单击并拖曳

查看大尺寸预览效果

提示：通过"窗口"菜单隐藏面板

如果不需要在工作区中显示某个面板，可执行"窗口"菜单命令，在打开的菜单选项中取消勾选某个面板名称，即可在工作区中隐藏该面板。这样可精简工作区，保留自己当前需要显示的内容。

2.3.3 保存工作区

通过上一小节，将工作区中的面板进行了调整，如果需要再次访问到当前设置的工作区，就需要将当前工作区域进行保存。下面介绍保存工作区的详细操作步骤。

步骤1：执行命令。

执行"窗口>工作区>新建工作区"菜单命令，打开"新建工作区"对话框。

步骤2：确认保存。

在打开的"新建工作区"对话框中，设置"名称"为"大尺寸预览"，并勾选下面两个选项，然后单击"存储"按钮，即可将当前工作区效果保存。

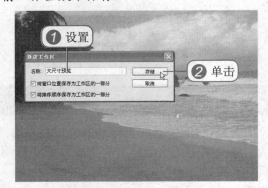
① 设置
② 单击

2.3.4 从Bridge删除文件

在Bridge中浏览照片时，对一些效果差或不再需要的照片，可进行删除。选中该照片后，可按下Delete键进行删除，也可通过工作区中的"删除项目"按钮，来删除照片。下面介绍具体的操作步骤。

步骤1：单击按钮。

在Bridge中选中需要删除的照片，然后在右上角单击"删除项目"按钮 🗑。

单击

步骤2：确认删除。

在打开的提示对话框中，会询问是否将该照片发送到回收站中，单击"确定"按钮，即可将该照片删除。

单击

知识进阶：在Bridge中批量修改照片名称

光盘	无

❶ 启动Bridge后，在工作区中选择随书光盘\素材\2中的"风景"文件夹，在"内容"面板中显示该文件夹中所有照片的缩览图。

❷ 按下快捷键Ctrl+A，全选文件夹中的照片，然后执行"工具>批重命名"菜单命令，打开"批重命名"对话框。

❷ 单击

❶ 全选

❸ 在打开的对话框中，勾选"复制到其他文件夹"单选框，并单击"浏览"按钮，打开"浏览文件夹"对话框，选择一个保留的文件夹，然后单击"确定"按钮，回到"批重命名"对话框中。

❹ 在"新文件名"下方，单击第一个文本框后的下拉按钮，在打开的下拉菜单中选择"文件夹名称"。

21

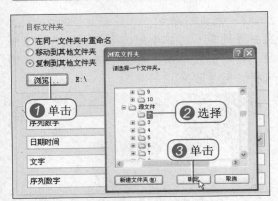

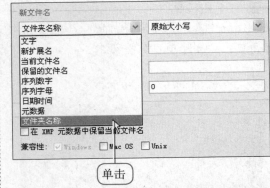

⑤ 继续在对话框中的"新建文件名"进行
设置，单击文本后面的"从文件名中移
去此文本"按钮—，移去中间两个不需
要的文本，然后进行设置，完成设置后
单击"重命名"按钮，关闭对话框。

⑥ 在电脑中沿步骤3中设置的存储路径，找
到文件夹，打开即可看到选中的所有照
片名称被按设置的名称顺序重命名。

轻松掌握

——数码照片的基本编辑

要点导航

更改图像尺寸
重新设置画布大小
裁剪图像
翻转照片
去除照片上的日期
去除多余的人物

　　在 Photoshop CS4 中，掌握对数码照片基本的编辑，是学习照片处理的开始。

　　本章学习的数码照片的基本编辑包括对数码照片进行查看和尺寸设置、裁剪图像以及调整照片的角度，让读者快速掌握数码照片的基本编辑，并开拓思路学习去除照片中的多余内容，精简画面，完成照片的基本处理。

3.1 对数码照片进行查看和尺寸设置

难度水平
◆◆◇◇◇

关键字
缩放图像、图像大小、画布大小

视频学习 光盘\第3章\3-1-1放大和缩小照片、3-1-2修改照片尺寸、3-1-3 设置画布大小

通过缩放工具，可以快速地放大或缩小图像，方便对照片的查看。利用"图像大小"对话框，又可准确地查看到图像的大小尺寸，并能进行更改，还可通过"画布大小"对话框，重新扩展或缩小画布区域。

3.1.1 放大和缩小照片

使用缩放工具，通过单击可以方便快速地在图像窗口中放大照片，按住 Alt 键单击可缩小照片，也可通过单击并按住鼠标拖动创建区，将该区域内的图像放大，更可通过选项栏中的选项将图像快速地调整到自己需要查看的大小。下面介绍具体的操作步骤。

步骤1：选择缩放工具。
执行"文件>打开"菜单命令，打开随书光盘\素材\3\1.JPG素材文件。在工具箱中单击"缩放工具"按钮，将"缩放工具"选中。

步骤2：创建缩放区域。
选择"缩放工具"后，可看到图标上出现"+"号，在图像中动物边上单击并拖动，创建放大区域。

单击

单击并拖曳

步骤3：查看放大效果。
释放鼠标后，可看到区域内的图像放大到整个画面大小。

步骤4：缩小图像。
按住Alt键时，可看到图标上出现一个"-"号，表示可缩小图像，在画面中单击即能缩小图像。

提示：在选项栏中选择放大或缩小工具

选择"缩放工具"后，在其选项栏中也可选择放大或缩小工具，单击"放大"按钮，就可以对图像进行放大；单击"缩小"按钮，就可对图像进行缩小。

24

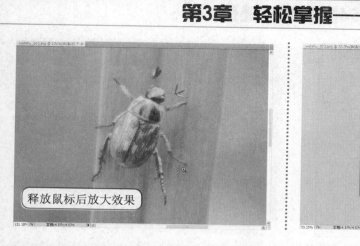

释放鼠标后放大效果

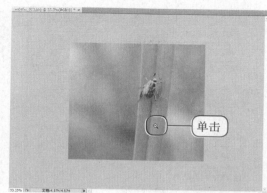

单击

3.1.2　修改照片尺寸

通过"图像大小"命令，可以随意地修改照片的尺寸大小。执行"图像 > 图像大小"菜单命令，在打开的"图像大小"对话框中，显示了"图像的大小"和"文档大小"，通过更改数字就可修改照片的尺寸。具体操作步骤如下。

步骤1：打开素材文件执行命令。

❶ 打开随书光盘\素材\3\2.JPG素材文件。

❷ 对打开素材执行"图像>图像大小"菜单命令。

步骤2：查看图像大小。

在打开的"图像大小"对话框中，可以查看到图像大小，以及"文档的大小"。

单击

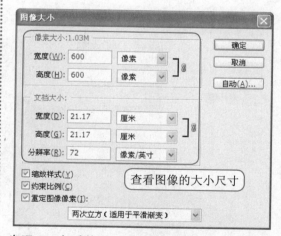

查看图像的大小尺寸

步骤3：设置取样并修复图像。

在"图像大小"选项中，将"宽度"设置为400像素，可看到"高度"同样按比例进行更改，并且"文档大小"也随之更改。

步骤4：查看修改尺寸后的照片。

确认"图像大小"设置后，在图像窗口中就可看到图像尺寸被改小。

▶ **补充知识**

照片的分辨率和文件大小决定了输出的质量，图像文件的大小和分辨率成正比，分辨率越高，其中所含的像素就越多，文件就越大。

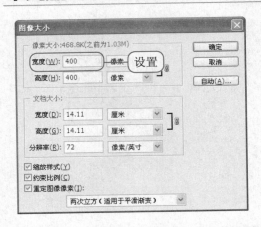

查看修改尺寸后效果

3.1.3 设置画布大小

通过"画布大小"命令，可重新设置图像的区域，如扩大画布，被加大的区域就会以设置的画布扩展颜色来显示；缩小画布，超出画布的图像就会被裁剪掉，这主要通过"画布大小"对话框来完成设置。下面介绍具体的操作步骤。

步骤1：打开素材并执行命令。

❶ 执行"文件>打开"菜单命令，打开随书光盘\素材\3\3.JPG素材文件。

❷ 对打开的素材照片执行"图像>画布大小"菜单命令。

步骤2：查看画布大小。

在打开的"画布大小"对话框中，可以查看到画布当前大小，通过更改"新建大小"文本框内的数据就可以修改画布的大小。

单击

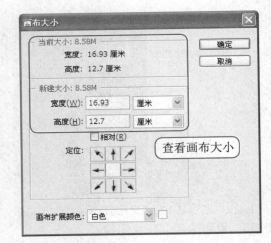

查看画布大小

步骤3：设置"画布大小"选项。

❶ 在"新建大小"选项中设置"高度"参数为16厘米。

❷ 单击"画布扩展颜色"选项下拉按钮，在打开的下拉列表中选择"黑色"，然后单击"确定"按钮，关闭对话框。

步骤4：查看修改画布大小后效果。

确认"画布大小"设置后，回到图像窗口中，可看到照片画布被扩大，并以黑色填充了扩大区域。

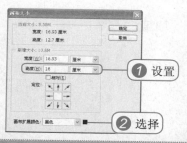

① 设置

② 选择

修改画布大小后效果

▶ **你问我答**

　　问：可以设置其他的画布扩展颜色吗？

　　答：可以。在"画布扩展颜色"下拉列表中，可选择预设的前景色、背景色、黑色、白色、灰色和其他，当选择其他选项后，就可打开"选择画布扩展颜色"拾色器，从中可以设置任意的色彩。也可通过单击该选项后的颜色显示框打开"选择画布扩展颜色"拾色器，来进行画布扩展颜色的设置。

3.2 图像的裁剪

难度水平

◆◆◇◇◇

关键字

裁剪工具、当前图像、透视

视频学习 | 光盘\第3章\3-2-1改变照片构图、3-2-2裁剪到当前图像大小、3-2-3通过裁剪改变透视角度

　　对拍摄的照片进行适当的裁剪，可更改照片的构图、删除不需要的部分，使整个画面更加简洁，更易突出重点。这里将会介绍使用"裁剪工具"在照片中的不同设置与操作改变照片构图，裁剪到当前图像大小以及通过裁剪更改照片的透视角度。

3.2.1　改变照片的构图

　　使用"裁剪工具"可以删除照片中不需要的部分，从而改变照片的整个构图。在工具箱中选择"裁剪工具"后，还可通过在选项栏中输入宽度、高度比例以及图像分辨率，来对照片进行精确的裁剪。下面介绍具体的操作步骤。

步骤1：选择画笔工具。

执行"文件>打开"菜单命令，打开随书光盘\素材\3\4.JPG素材文件，在工具箱中单击"裁剪工具"按钮 🔲，将裁剪工具选中。

步骤2：调整画笔的大小和不透明度。

❶ 在选项栏输入"宽度"为2厘米，"高度"为2.5厘米。

❷ 使用"裁剪工具"在打开照片中单击并拖移，创建裁剪区域，区域以外就会以半透明黑色显示。

▶ **补充知识**

　　使用"裁剪工具"在图像中拖动以后，就会显示裁剪边框，在边框四角会显示小矩形锚点，拖动这些锚点，就可随意地调整裁剪区域。使用鼠标在框内进行拖动，可调整边框位置，边框内间的图像就是保留的部分，而边框外面变暗的图像就是被裁剪删除的部分。

单击

宽度：2厘米 ⇄ 高度：2.5厘米

① 设置

② 拖动

步骤3： 调整裁剪区域。

使用鼠标在裁剪框边角上单击并拖动锚点，可调整裁剪区域的大小，但会以设置的比例进行缩放。

步骤4： 确定裁剪。

调整好裁剪区域后，按下Enter键，确认裁剪，裁剪框以外的图像被删除，从而更改了照片的构图。

拖动

修改照片构图效果

3.2.2　裁剪到当前图像大小

在对照片进行裁剪时，可以通过"裁剪工具"选项栏设置精确的裁剪尺寸。单击"当前的图像"按钮，可自动显示当前图像的"宽度"、"高度"和"分辨率"，裁剪后的图像会以原图像大小显示。下面介绍具体的操作步骤。

步骤1： 选择裁剪工具。

打开随书光盘\素材\3\5.JPG素材文件，在工具箱中单击"裁剪工具"图标❑️，选中裁剪工具。

步骤2： 创建裁剪区域。

❶ 在"裁剪工具"选项栏中，单击"前面的图像"按钮，就会显示原图像的尺寸大小。

❷ 使用"裁剪工具"在图像窗口中任意位置单击并拖曳，创建需要裁剪的区域，裁剪区域即为原图像相同的大小比例。

单击

宽度: 6.003厘米 高度: 5.004厘米 分辨率: 300 像素/英寸 前面的图像

❶ 单击

❷ 单击并拖曳

步骤3： 确认裁剪。

执行"图像>裁剪"菜单命令，或按下Enter键，确认裁剪设置，将裁剪边框以外的图像删除。

步骤4： 查看裁剪后图像大小。

执行"图像>图像大小"菜单命令，在打开的"图像大小"对话框中，可查看到裁剪后的文档大小与裁剪前的图像大小相同，"宽度"为6厘米、"高度"为5厘米，"分辨率"为300像素/英寸。

查看裁剪后图像效果

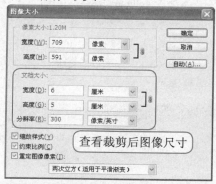

查看裁剪后图像尺寸

提示：像素大小

在"图像大小"对话框中，在"像素大小"中显示了照片的容量，可查看到使用"裁剪工具"时，选择"当前图像"按钮后，裁剪的图像与原图像的容量相同，而未选择"当前图像"按钮时，裁剪后的图像容量大小就会改变。

3.2.3 通过裁剪改变透视角度

使用"裁剪工具"在照片中创建了裁剪区域后，选项栏中选项会改变，当勾选"透视"单选框后，使用鼠标在裁剪边框的锚点上进行单击并拖曳时，就会改变边框的形状。确定裁剪后，裁剪区域内的图像即按照裁剪框的形状调整透视角度。下面介绍具体的操作步骤。

步骤1： 使用裁剪工具创建裁剪区域。

打开随书光盘\素材\3\6.JPG素材文件，在工具箱中选择"裁剪工具"，然后在图像中进行单击并拖曳，创建裁剪区域。

步骤2： 变形裁剪边框。

❶ 创建裁剪区域后，在选项栏中勾选"透视"单选框。

❷ 在边框右上角的锚点上单击并向下拖曳，更改边框形状。

29

拖曳

☑屏蔽 颜色：■ 不透明度：75% ▶ ☑透视

① 单击

② 向下拖曳

查看裁剪后的图像

步骤3：查看裁剪后效果。

按下Enter键，确认裁剪后，在图像窗口中可看到裁剪区域内的图像以裁剪框的形状，更改了透视角度。

【摄影讲座】通常为了拍摄出更高质量的照片，在摄影前设置照片保存格式时，会选取最大尺寸及最精细的品质。这样会使照片文件变得很大，在储存卡上可存储的照片数量就会变少。

提示：取消当前裁剪操作

创建裁剪区域后，如果想要取消裁剪边框，可按下 Esc 键，快速退出裁剪操作，也可在选项栏右方单击"取消当前裁剪操作"按钮◎，来进行取消。

3.3 调整数码照片的角度

难度水平
◆◆◆◇◇

关键字
裁剪工具、当前图像、透视

视频学习 光盘\第3章\3-3-1通过"旋转画布"翻转照片、3-3-2使用"任意角度"扶正倾斜的照片、3-3-3使用"变换"命令更改建筑物的透视

在 Photoshop 中可通过多种方法来调整数码照片的角度，包括使用"图像旋转"命令来翻转照片，利用"任意角度"命令任意调整照片的角度，使用"变换"命令来调整照片的透视角度。

3.3.1 通过"旋转画布"翻转照片

执行"图像>图像旋转"菜单命令，在打开的子菜单中，通过"水平翻转画布"和"垂直翻转画布"两个命令，可对照片进行水平或垂直角度的翻转，从而可从另一个角度来观察照片。下面介绍具体操作步骤。

步骤1：执行命令。

❶ 打开随书光盘\素材\3\7.JPG素材文件。

❷ 对打开的素材照片执行"图像>图像旋转>水平翻转画布"菜单命令。

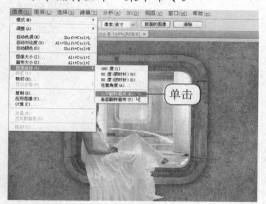

步骤2：设置选项并涂抹画面。

执行命令后，在图像窗口中可看到照片以水平方向进行了翻转。

查看水平翻转后的图像

3.3.2 使用"任意角度"扶正倾斜的照片

通过执行"图像＞图像旋转＞任意角度"菜单命令，在打开的"任意角度"对话框中，可以直接输入需要旋转的角度参数，并能选择是以顺时针还是逆时针方向进行旋转，可用于扶正一些倾斜的照片。下面介绍具体的操作步骤。

步骤1：打开素材选择工具。

❶ 打开随书光盘\素材\3\8.JPG素材文件。

❷ 选择工具箱，将"吸管工具"下的隐藏工具选项打开，选择"标尺工具"。

步骤2：测量倾斜角度。

❶ 使用"标尺工具"在图像中倾斜的草地边缘上单击并拖曳，创建一条相同的倾斜线段。

❷ 此时，在选项栏中，可看到A：6.0°表示线段倾斜角度为6度。

❶ 拖曳

❷ 查看倾斜角度

▶ **补充知识**

使用"标尺工具"，可计算工作区内任意两点之间的距离、位置与角度，测量完成后，单击选项栏中的"清除"按钮，就可清除创建的线段。

31

步骤3： 设置旋转角度。

❶ 执行"图像>图像旋转>任意角度"菜单命令。

❷ 在打开的"旋转画布"对话框中，输入"角度"为6，并选择"度（顺时针）"。

步骤5： 创建裁剪区域。

❶ 在工具箱中选择"裁剪工具"。

❷ 使用"裁剪工具"在画面中单击并拖曳创建裁剪区域，将边上多余的图像创建在裁剪边框以外。

单击并拖曳

步骤4： 查看照片旋转效果。

确认设置后，照片就以顺时针方向旋转了6度，画布上空出的区域以背景白色进行了填充。

查看旋转后的图像

步骤6： 查看裁剪后效果。

确认裁剪后，可看到旋转后照片多出的白色区域被裁剪掉，而原本倾斜的照片被扶正。

查看扶正后的图像

提示： 角度的参数设置范围

　　在"旋转画布"对话框的"角度"文本框内，可以输入的参数值为 −359.99 ～ +359.99。

3.3.3　使用"变换"命令更改建筑物的透视

　　对图层或选区内的图像执行"编辑>变换"菜单命令，在打开的子菜单中，可以选择旋转、缩放、变形、扭曲、透视、斜切以及特殊的旋转角度和翻转多种变换命令，能够完成图像的各种变换需要。下面介绍具体的操作步骤。

步骤1：创建图层副本。

打开随书光盘\素材\3\9.JPG素材文件，复制一个"背景"图层，生成"背景副本"图层。

创建图层副本

背景 副本

背景

步骤3：透视变形。

使用鼠标在变换框右上角的点上单击并向下拖曳，可看到图像自动更改透视角度，根据需要调整到适当透视效果。

拖曳

步骤2：执行命令。

对复制图层执行"编辑>变换>透视"菜单命令，即在图像中出现变换编辑框。

单击

步骤4：擦除多余图像。

❶ 按下Enter键确认变换，可看到图像中出现了生硬的边缘。

❷ 选择"橡皮擦工具"在变换图像边缘位置进行涂抹擦除，使背景副本在一起。

33

涂抹

提示：使用其他变换命令变换图像

　　执行"变换"命令后，在图像中就会出现变换编辑框，各种变换都是通过对变换编辑框的编辑来完成，"旋转"图像时，对图像边框进行拖曳即可；"斜切"变换时，拖动编辑框的锚点即可；"变形"图像时，拖动变形编辑框即可。

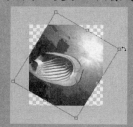

3.4 去除照片中的多余内容

难度水平
◆◆◇◇◇

视频学习 | 光盘\第3章\3-4-1去除照片上的日期

　　在拍摄的照片中常会出现一些不需要的图像，通过在Photoshop中进行处理，就可将这些多余的内容去除。这里将介绍去除照片上的日期和多余的人物。

3.4.1 去除照片上的日期

　　在使用数码照片进行拍摄前，如果没有设置是否显示日期，默认情况下，拍摄的照片中就会显示出拍摄的年、月、日，使用Photoshop进行简单的操作就可去除不想要的日期部分。下面介绍具体的操作步骤。

步骤1：打开素材。

执行"文件>打开"菜单命令，打开随书光盘\素材\3\10.JPG素材文件，在工具箱中选择第一个工具"矩形选框工具"。

步骤3：选择油漆桶工具。

按下快捷键Ctrl+J，复制选区内图像，并生成一个新的图层"图层1"，在"图层"面板中可以查看到。

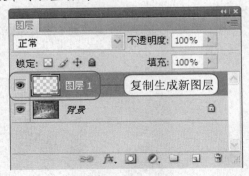

步骤2：创建矩形选区。

① 在选项栏中设置"羽化"选项为10px。
② 使用矩形选框工具在图像中日期上方单击并拖曳，创建一个矩形选区。

步骤4：设置前景颜色。

选择"移动工具"，将"图层1"中图像向下拖移动到日期上，将日期遮盖，达到自然地去除日期的效果。

▶ 补充知识

　　"羽化"可通过建立选区和选区周围像素之间的转换来将图像的边缘进行模糊的设置，设置的"羽化"参数越大，边缘模糊范围越大。如果没有设置"羽化"，建立的选区边缘就会很生硬。

3.4.2 去除多余的人物

　　当一张自己喜欢的照片中出现了其他多余的人物时，可以通过多种方法将其去除，例如使用裁剪工具，将多出的人物部分裁剪掉，或复制临边的图像将人物遮盖。下面介绍具体的操作步骤。

步骤1： 打开素材。

执行"文件>打开"菜单命令，打开随书光盘\素材\3\11.JPG素材文件，然后在工具箱中选择"裁剪工具"。

步骤2： 创建裁剪区域。

使用"裁剪工具"在图像左上角位置单击并向下拖曳，创建裁剪区域，将右方的小男孩创建在裁剪区域以外。

查看打开素材照片效果

查看裁剪区域效果

步骤3： 创建选区。

❶ 选择"矩形选框工具"在其选项栏中设置"羽化"为10px。

❷ 使用"矩形选框工具"在左边人物边缘创建一个与人物相同大小的矩形选区。

步骤4： 查看添加线性渐变效果。

❶ 按下快捷键Ctrl+J，将选内图像复制，并生成"图层1"。

❷ 选择"移动工具"，将复制的图像向左边移动，将人物遮盖，达到去除人物的效果。

矩形选区

❷ 移动

❶ 复制生成新图层

图层1

背景

35

—···知识进阶：通过裁剪设置标准证件照片···—

运用裁剪工具裁剪照片中人物头像区域，将原本的普通生活照片制作成标准的证件照片，并将背景设置成自己喜欢的蓝色调，无须去专业的相馆在家就能自己动手做出专业的证件照。

光盘	无

❶ 打开随书光盘\素材\3\12.JPG素材文件，在工具箱中单击"裁剪工具"按钮，选中裁剪工具。

❸ 按下Enter键确认裁剪后，可看到人只保留了人物头像区域，在"图层"面板中单击"创建新图层"按钮，新建一个"图层1"。

❷ 在"裁剪工具"选项栏中设置"宽度"为2.7厘米，"高度"为3.6厘米，然后使用该工具在图像中人物头部创建裁剪区域，并调到适当大小与位置。

❹ 单击工具箱中前景色颜色框，打开"拾色器（前景色）"对话框，设置蓝色R5、G5、B255，然后单击"确定"按钮，可看到前景色框变为设置的蓝色。

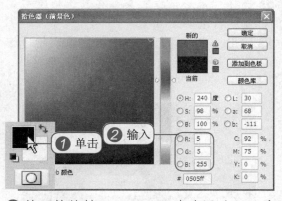

❺ 在工具箱中选择"快速选择工具"，然后在图像中人物背景区域连续单击，将背景创建在选区内，然后按下快捷键Alt+Delete，在"图层1"中为选区填充前景色。

❻ 按下快捷键Ctrl+D，取消选区后，可看到填充选区后，人物背景被填充为蓝色，制作成了证件照的效果。

① 单击

② 填充选区

图层 1

背景

查看填充颜色效果

⑦ 执行"图像>画布大小"菜单命令，在打开的"画布大小"对话框中，设置"宽度"为3厘米，"高度"为3.9厘米，并设置"画布扩展颜色"为白色。

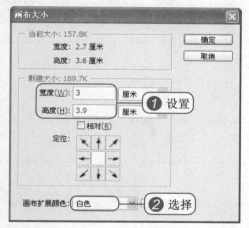

画布大小

当前大小: 157.8K
　宽度: 2.7 厘米
　高度: 3.6 厘米

确定
取消

新建大小: 189.7K
　宽度(W): 3 　厘米
　高度(H): 3.9 　厘米

① 设置

□ 相对(R)

定位:

画布扩展颜色: 白色 ② 选择

⑧ 确认设置可看到画布边缘被扩大了0.2厘米，出现了白色的边框效果。至此，制作标准证件照操作完成。

查看最终效果

37

读书笔记

Chapter 4

必须掌握

——图像调整功能解析

要点导航

调整照片色调
增强照片色彩鲜艳度
增加整体色调
快速变换季节
双色调照片
设置部分暗调

图像的调整是 Photoshop 的一大功能，通过多种调整命令，可以为照片色彩增效或是更改照片色调，使照片色彩更加完美。

图像的调整功能主要通过"调整"菜单下的多种调整命令来完成，执行调整命令后，就会打开相应的对话框用于设置。在 Photoshop CS4 中新增的"调整"面板，集中了所有的调整图层，利用其可修改性，可对调整图层重新进行修改，使图像调整更加灵活、方便，满足了不同用户的调色需要。

4.1 简单图像调整命令

难度水平
◆◆◇◇◇

关键字
自动、色调、对比度、颜色

视频学习 | 光盘\第4章\4-1-1使用"自动色调"命令、4-1-2使用"自动对比度"命令、4-1-3使用"自动颜色"命令

通过"图像"菜单中简单的自动色调、自动对比度和自动颜色三个自动命令，可以快速地自动调整照片的色调、对比度和颜色，从而快速地使照片达到自然的色彩效果。

4.1.1 使用"自动色调"命令

"自动色调"命令可根据整个照片的色调自动地对照片的明度、纯度和色相进行调整，从而达到整个画面的色调均化，快速调整照片色调。通过执行"图像 > 自动色调"菜单命令，即可快速自动调整照片色调。下面介绍的具体操作步骤。

步骤1： 执行菜单命令。

① 执行"文件>打开"菜单命令，打开随书光盘\素材\4\1.JPG素材文件。

② 对打开的人物照片执行"图像>自动色调"菜单命令。

步骤2： 查看自动调整色调效果。

执行命令后，可看到系统自动调整照片的色调，效果变得更加清新。

自动调整色调效果

▶ **补充知识**

"色调"表达了照片色彩外观的基本倾向，通常从色相、明度、冷暖、纯度等方面来定义照片的色调。

4.1.2 使用"自动对比度"命令

对照片执行"图像 > 自动对比度"菜单命令，可以调整图像的对比度，使高光区域显得更亮，阴影区域显得更暗，增加图像之间的对比，通常可用于调整色调偏灰明暗关系不明显的照片中。下面介绍具体的操作步骤。

40

步骤1： 执行菜单命令。

❶ 执行 "文件>打开" 菜单命令，打开随书
光盘\素材\4\2.JPG素材文件。

❷ 对打开的人物照片执行 "图像>自动对比
度" 菜单命令。

步骤2： 查看自动对比度效果。

执行命令后，可看到原本灰暗的照片，对比
度被自动提高，照片效果变亮。

自动调整对比度效果

4.1.3 使用 "自动颜色" 命令

对照片执行 "图像＞自动颜色" 菜单命令，可在照片中指定阴影和高光修剪百分比，
并为阴影、中间调和高光指定颜色值，适用于快速修正照片的自然色彩。下面介绍具体的
操作步骤。

步骤1： 执行菜单命令。

❶ 执行 "文件>打开" 菜单命令，打开随书
光盘\素材\4\3.JPG素材文件。

❷ 对打开的人物照片执行 "图像>自动颜
色" 菜单命令。

步骤2： 查看自动颜色效果。

执行命令后，可看到自动调整照片颜色的效
果，恢复了照片中部分图像的正常颜色，增
强了照片色彩变换性。

查看自动颜色效果

▶ **补充知识**

在学习照片调整的初级阶段，如果需要调整照片的色彩，可以先选择 "自动色调"、
"自动对比度" 和 "自动颜色" 命令中的一个，快速方便地自动完成照片的色调、对比度、
颜色的调整。

4.2 常用图像调整命令

难度水平
◆◆◆◆◇

关键字
色阶、曲线、色彩平衡、饱和度、替换颜色、照片滤镜

视频学习
光盘\第4章\4-2-1应用"色阶"调整照片色调、4-2-2使用"曲线"调整影调、4-2-3使用"色彩平衡"调整特定颜色、4-2-4应用"色相/饱和度"调整色彩鲜艳度、4-2-5通过"替换颜色"快速更换照片局部色彩、4-2-6使用"照片滤镜"增加整体色调

在对照片进行调整中，常会用到"色阶"命令来调整照片的色调；利用"曲线"命令来调整照片的影调；利用"色彩平衡"命令来调整照片的颜色；利用"色相/饱和度"命令来调整照片的色彩鲜艳程度；利用"替换颜色"命令更换局部颜色；利用"照片滤镜"加强照片的整体色调。

4.2.1 应用"色阶"调整照片色调

执行"图像 > 调整 > 色阶"菜单命令，通过打开的"色阶"对话框，可分别对照片的阴影区域、中间调区域和高光区域的色阶进行设置，还可通过"通道"选项的设置，单独对某个颜色通道的色阶进行设置。下面介绍具体的操作步骤。

步骤1：执行菜单命令。

❶ 执行"文件>打开"菜单命令，打开随书光盘\素材\4\4.JPG素材文件。

❷ 对打开的人物照片执行"图像>调整>色阶"菜单命令，打开"色阶"对话框。

步骤2：设置"输入色阶"。

❶ 在打开的"色阶"对话框中，将"输入色阶"下左边的滑块向右拖曳到27的位置。

❷ 将右边的滑块向左拖曳到201的位置，或直接在文本框内输入该参数。

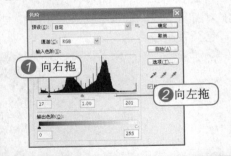

提示：输入色阶

在"输入色阶"中，左边的滑块代表图像中的阴影区域，向右拖曳滑块将使阴影部分变得更暗；中间的滑块代表图像中的中间调区域；右边的滑块代表图像中的高光区域。

步骤3：设置通道色阶。

❶ 在"通道"选项下拉列表中选择"红"。

❷ 在"输入色阶"选项下设置红通道色阶为44、1.09、229。

步骤4：确认效果。

确认"色阶"设置后，回到图像窗口中可看到图像被提亮，并加强了对比。

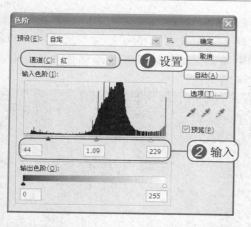

查看设置"色阶"效果

4.2.2 使用"曲线"调整影调

使用"曲线"命令,可以加深或提亮照片,增强照片对比度,并能单独对图像的阴影、中间调和高光区域进行调整,还可以通过对颜色通道进行调整更改照片的颜色。下面介绍具体的操作步骤。

步骤1:创建图层副本。

❶ 执行"文件>打开"菜单命令,打开随书光盘\素材\4\5.JPG素材文件。

❷ 在"图层"面板中,将"背景"图层向下拖曳到"创建新图层"按钮上,复制图层得到"背景副本"图层。

步骤2:执行菜单命令。

❶ 对复制图层执行"图像>调整>曲线"菜单命令。

❷ 在打开的"曲线"对话框中,在曲线调整框中间单击并向上拖曳,调整成弧线形状。

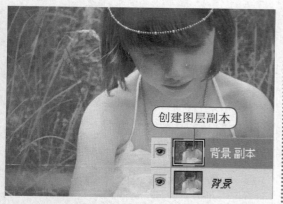

创建图层副本

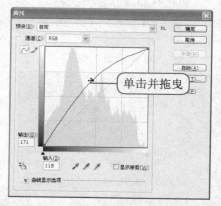

单击并拖曳

▶ **补充知识**

在"曲线"对话框的"预设"选项中,提供了多种Photoshop预设的曲线调整效果,选择后可直接将效果应用到图像中。当选择"自定"选项后,可直接在下面的曲线框内对曲线进行调整,当需要重新设置曲线时,可选择"默认值",回到默认的未设置状态。

默认值
彩色负片 (RGB)
反冲 (RGB)
较暗 (RGB)
增加对比度 (RGB)
较亮 (RGB)
线性对比度 (RGB)
中对比度 (RGB)
负片 (RGB)
强对比度 (RGB)
自定

43

步骤3：继续设置曲线。

在曲线左边单击并向下拖曳，将其调整到中间直线位置上，调整图像的阴影区域，然后单击"确定"按钮，关闭对话框。

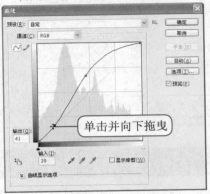

步骤4：确认效果。

此时，在图像窗口中可看到，照片中的阴影和中间调区域都被提亮，增强了人物与背景之间的对比。

查看设置"曲线"效果

4.2.3 使用"色彩平衡"调整特定颜色

使用"色彩平衡"命令，可调整图像中特定的中阴影、中间调和高光区域的颜色，并混合色彩达到平衡。在"色彩平衡"对话框中，通过调整滑块，在图像中添加或减少某种颜色，达到色彩平衡的目的。下面介绍具体的操作步骤。

步骤1：创建图层副本。

❶ 执行"文件>打开"菜单命令，打开随书光盘\素材\4\6.JPG素材文件。

❷ 在"图层"面板中，将"背景"图层向下拖曳到"创建新图层"按钮上，复制图层得到"背景副本"图层。

创建图层副本

步骤2：设置"中间调"色彩。

❶ 执行"图像>调整>色彩平衡"菜单命令。

❷ 在打开的"色彩平衡"对话框中，将"色阶"参数依次设置为+55、-16、-41。

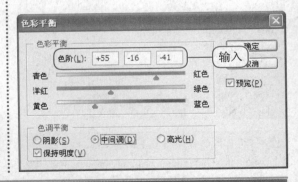

输入

提示：设置"色彩平衡"

在"色彩平衡"选项中，通过在"色阶"文本框中输入数值来进行色彩的设置，或是通过下方滑块来进行颜色的添加或减少，例如在"青色"与"洋红"之间的滑块中，向右拖曳滑块，图像中的红色会增多，青色则会减少。

步骤3：设置"高光"色彩平衡。

❶ 在"色调平衡"选项中，选择"高光"选项。

❷ 为"高光"设置"色阶"参数依次为+69、+25、0，然后单击"确定"按钮。

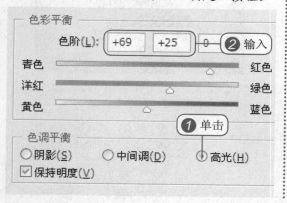

步骤4：确认效果。

确认设置后，回到图像窗口中可看到照片中的天空增加了红色，变成傍晚火烧云的效果。

查看设置后效果

4.2.4 应用"色相/饱和度"调整色彩鲜艳度

利用"色相/饱和度"命令，可调整整个图像或图像中一种颜色成分的色相、饱和度和明度。执行"图像 > 调整 > 色相/饱和度"菜单命令，通过"色相/饱和度"对话框中选项来更改图像色相，提高或降低饱和度。下面介绍具体的操作步骤。

步骤1：创建图层副本。

❶ 打开随书光盘\素材\4\7.JPG素材文件。

❷ 在"图层"面板中，将"背景"图层向下拖曳到"创建新图层"按钮上，复制图层得到"背景副本"图层。

创建图层副本

步骤2：执行菜单命令。

❶ 执行"图像>调整>色相/饱和度"菜单命令。

❷ 在打开的"色相/饱和度"对话框中，将"色相"设置为+10，将"饱和度"设置为+35。

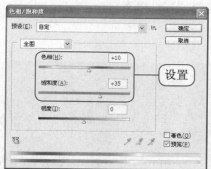

设置

步骤3：设置绿色饱和度。

❶ 在编辑下拉列表中选择"绿色"。

❷ 将"绿色"的"饱和度"选项参数设置为+20，然后单击"确定"按钮。

步骤4：查看设置效果。

此时，在图像窗口中可看到提高了饱和度，图像色彩变得更艳丽。

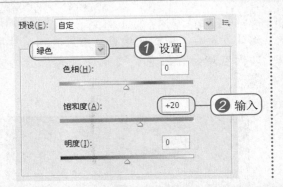

查看设置色相/
饱和度效果

▶ 你问我答

问：**什么是色相、饱和度和明度？**

答："色相"是各类色彩的相貌称谓，在"色相／饱和度"对话框中，拖曳"色相"滑块，就可改变图像的颜色。

"饱和度"是指某种色彩的鲜艳程度，也称为色彩的纯度。当"饱和度"选项设置为正数时，就会增强照片的色彩的纯度，提高饱和，反之设置的数值越小，就越接近黑白图像。

"明度"是指图像的明暗程度，降低"明度"数值，图像就会变暗，反之就会变亮。

4.2.5 通过"替换颜色"快速更换照片局部色彩

使用"替换颜色"命令可替换图像中某种颜色区域的颜色，通过"替换颜色"对话框中的吸管工具在图像中吸取要替换的颜色，再利用对话框中的"色相"、"饱和度"、"亮度"选项的滑块进行颜色的替换调整。下面介绍具体的操作步骤。

步骤1：创建图层副本。

❶ 打开随书光盘\素材\4\8.JPG素材文件。

❷ 在"图层"面板中，复制"背景"图层得到"背景副本"图层。

步骤2：取样颜色。

❶ 执行"图像>调整>替换颜色"菜单命令。

❷ 打开"替换颜色"对话框后，设置"颜色容差"为180，然后在图像中蝴蝶蓝色区域上单击，选取蓝色区域。

创建图层副本

背景 副本

背景

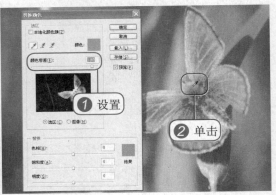

46

步骤3： 设置"替换"选项。

取样颜色后，在对话框的"替换"选项下，设置"色相"为+134，"饱和度"为+30，"明度"为+16，然后单击"确定"按钮。

步骤4： 查看替换颜色效果。

此时，可看到图像中蝴蝶的蓝色区域被替换为红色。

查看替换颜色效果

4.2.6　使用"照片滤镜"增加整体色调

通过"照片滤镜"命令可以在图像上设置颜色滤镜，在"照片滤镜"对话框中，可通过"滤镜"选项下拉列表选择预设的各种颜色滤镜，也可以单击"颜色"选项后的颜色框，打开"选取滤镜颜色"拾色器，设置任意的颜色，并通过"浓度"选项调整该颜色滤镜的应用程度。下面介绍具体的操作步骤。

步骤1： 创建图层副本。

❶ 打开随书光盘\素材\4\9.JPG素材文件。

❷ 在"图层"面板中，复制"背景"图层得到"背景副本"图层。

步骤2： 执行菜单命令。

❶ 对复制图层执行"图像>调整>照片滤镜"菜单命令。

❷ 在打开的"照片滤镜"对话框的"滤镜"下拉列表中选择"冷却滤镜（LBB）"。

创建图层副本

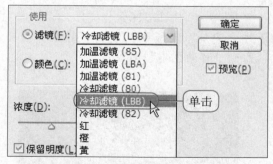

单击

步骤3： 设置"浓度"选项。

继续在对话框中对选择的预设滤镜设置"浓度"，将"浓度"选项下滑块向右拖曳到30%位置，然后单击"确定"按钮，关闭对话框。

步骤4： 查看应用效果。

回到图像窗口中可看到，照片色调被更改为蓝色，使照片效果显得更加清新，带给人一种夏日里的清爽感。

47

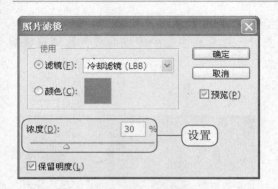

查看应用照片
滤镜效果

4.3 高级图像调整命令

难度水平
◆◆◆◆◇

视频学习

关键字
可选颜色、统一色调、双色调

光盘\第4章\4-3-1通过"可选颜色"精细调整部分色彩、4-3-2通过"通道混合器"快速变换季节、4-3-3应用"匹配颜色"统一多幅照片色调、4-3-4使用"渐变映射"制作双色调照片

图像调整的高级命令中,主要介绍了四种调整命令,分别为"可选颜色"、"通道混合器"、"匹配颜色"和"渐变映射",通过这些高级命令可进行更精细的调整,并能制作出特殊的效果。

4.3.1 通过"可选颜色"精细调整部分色彩

使用"可选颜色"命令可在构成图像的颜色中选择特定的颜色进行删除,或者与其他颜色混合改变颜色。在"可选颜色"对话框中,通过"颜色"选项来选择需要调整的某种颜色,然后通过下方的颜色滑块进行颜色的调整。下面介绍具体的操作步骤。

步骤1:创建图层副本。

❶ 执行"文件>打开"菜单命令,打开随书光盘\素材\4\10.JPG素材文件。

❷ 在"图层"面板中,复制"背景"图层得到"背景副本"图层。

步骤2:执行菜单命令。

❶ 执行"图像>编辑>可选颜色"菜单命令,在打开的"可选颜色"对话框的"颜色"下拉列表中选择"中性色"。

❷ 设置"洋红"为+45%,"黄色"为+27%,"黑色"为-15%。

创建图层副本

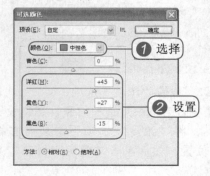

❶ 选择

❷ 设置

步骤3：设置"绿色"。

❶ 在对话框中，更改"颜色"选项为"绿色"。

❷ 将"洋红"设置为-100%，"黄色"设置为+100%，并单击"确定"按钮。

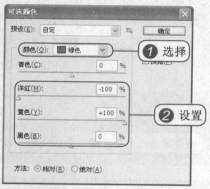

步骤4：查看效果。

确认设置后，可看到照片中的"中性色"和"绿色"被更改，增强了其他的颜色。

查看应用设置效果

提示：复制图层的重要性

　　在对一幅照片进行调整前，通常都需要复制一个"背景"图层，并在复制的图层上执行调整命令，这样可以在不破坏原图像效果的基础上进行编辑，更加便于查看设置前后图像的对比效果。

49

4.3.2　通过"通道混合器"快速变换季节

　　使用"通道混合器"命令，可混合当前颜色通道中的像素与其他颜色通道中的像素，以此来改变通道的颜色，达到其他调整命令无法调出的效果。在"通道混合器"对话框中，可对打开图像的每个颜色通道进行单独的混合。下面介绍具体的操作步骤。

步骤1：创建图层副本。

❶ 执行"文件>打开"菜单命令，打开随书光盘\素材\4\11.JPG素材文件。

❷ 在"图层"面板中，复制"背景"图层得到"背景副本"图层。

创建图层副本

背景 副本

背景

步骤2：执行菜单命令。

❶ 对复制图层执行"图像>调整>通道混合器"菜单命令。

❷ 在打开的"通道混合器"对话框中，设置"源通道"参数依次为+22、-45、+43。

设置

步骤3: 设置"绿"输出通道。

❶ 在"输出通道"下拉列表中选择"绿"。

❷ 设置"源通道"参数依次为+29、+56、+16,然后单击"确定"按钮。

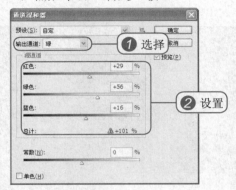

步骤5: 设置图层混合模式。

在"图层"面板中设置"背景副本"图层的"图层混合模式"为"色相",可看到图层混合后,图像变得春意盎然。

【摄影讲座】色彩是照片重要表现内容之一,一张色调和谐的数码照片,往往能给人一种美的享受。然而在拍摄照片时,受多种因素的影响,使照片失去了原本的色彩,通过Photoshop中的各种调整命令,可以调整色彩达到自然的状态。

步骤4: 查看通道混合器效果。

此时,在图像窗口中可看到图像中的红色被调整为绿色。

查看设置通道混合器效果

❶ 设置

❷ 查看图层混合后效果

▶ 补充知识

"图层混合模式"就是指一个图层与其下图层的色彩叠加方式,可在图像中产生特殊的混合效果。默认情况下为"正常"模式,在下拉列表中还可选择24种不同的混合模式。

4.3.3 应用"匹配颜色"统一多幅照片色调

通过"匹配颜色"命令,可将一个图像(源图像)的颜色与另一个图像(目标图像)的颜色相匹配。在"匹配颜色"对话框中,通过"图像统计"来选择源图像或某个图层,并可通过"图像选项"调整匹配效果。下面介绍具体的操作步骤。

步骤1: 打开素材照片。

执行"文件>打开"菜单命令,在"打开"对话框中,同时打开随书光盘\素材\4\12.JPG和13.JPG两个素材文件。

步骤2: 执行菜单命令。

❶ 在12.JPG文件中,执行"图像>调整>匹配颜色"菜单命令。

❷ 在打开的"匹配颜色"对话框中,设置"源"为"13.JPG"。

50

查看打开两个素材效果

单击

步骤3：设置"图像选项"。

在对话框中继续设置"图像选项"下的"明亮度"为60，"颜色强度"为180，然后单击"确定"按钮。

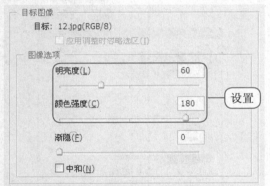

设置

步骤4：查看匹配效果。

设置完成后，在图像窗口中可看到两张照片颜色相匹配，原本黄色的天空匹配为黄昏时的效果。

查看匹配图像效果

51

提示：在同一个图像中匹配颜色

使用"匹配颜色"命令不仅可以将两个不同文档中的图像颜色进行匹配，也可以将一个图像中的颜色进行匹配，需要通过"图像统计"来选择不同的图层进行匹配，并结合"图像选项"来设置匹配后图像的亮度、颜色强度和渐隐效果。

4.3.4　使用"渐变映射"制作双色调照片

使用"渐变映射"命令，将一幅图像的最暗色调映射为一组渐变的最暗色调，将图像最亮色调映射为渐变色的最亮色调，从而更改照片的颜色。在"渐变映射"对话框中，设置需要的渐变色，就会在图像中形成映射效果。下面介绍具体的操作步骤。

步骤1：创建图层副本。

❶ 执行"文件>打开"菜单命令，打开随书光盘\素材\4\14.JPG素材文件。

❷ 在"图层"面板中，复制"背景"图层得到"背景副本"图层。

步骤2：执行菜单命令。

❶ 执行"图像>调整>渐变映射"菜单命令。

❷ 在打开的"渐变映射"对话框中，单击默认的黑白渐变条，打开"渐变编辑器"对话框。

创建图层副本

背景 副本

背景

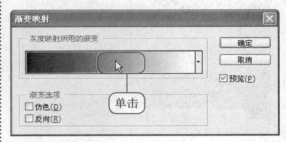

单击

步骤3： 设置暗调颜色。

❶ 在"渐变编辑器"对话框中，双击左边的渐变色标。

❷ 在打开的"选择色标颜色"拾色器中设置为深蓝色R6、G1、B52，并确定设置。

步骤4： 设置亮调颜色。

❶ 用同样的方法，将右边色标颜色设置为浅红色R253、G230、B230。

❷ 设置色标后，并将"位置"选项参数设置为85%，然后单击"确定"按钮。

❶ 双击

❷ 设置

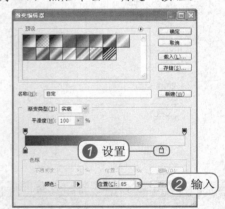

❶ 设置

❷ 输入

步骤5： 勾选选项。

回到"渐变映射"对话框中，可看到渐变条颜色变为设置的渐变颜色，勾选"仿色"复选框后，单击"确定"按钮。

步骤6： 查看映射效果。

此时，在图像图像窗口可看到应用渐变映射后效果，人物变为双色调，使照片中的人物充满神秘感。

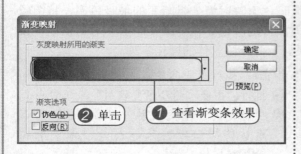

❷ 单击　❶ 查看渐变条效果

查看渐变映射效果

52

4.4 填充/调整图层的应用

难度水平
◆◆◆◆◇

关键字
调整图层、修改性、渐变填充

视频学习 光盘\第4章\4-4-1调整图层的可修改性、4-4-2对调整图层蒙版
进行编辑设置部分暗调、4-4-3使用填充图层修复灰蒙蒙照片

通过填充/调整图层可以随时对设置进行更改，Photoshop CS4中出现的"调整"面板可更加方便地对调整图层进行管理和设置。在填充/调整图层中还会自带图层蒙版，可通过蒙版的编辑更改调整效果在图像中的应用区域。

4.4.1 调整图层的可修改性

调整图层是一较为常用的一种特殊图层，可将颜色和色调调整应用于图像，而不会永久更改像素值。删除或隐藏调整图层，就可显示原图像效果，可通过"调整"面板进行创建，也可在"图层"面板中进行创建，创建完成后，如果对效果不满意，还可通过"调整"面板重新进行修改。下面介绍具体的操作步骤。

步骤1：打开素材照片。

执行"文件>打开"菜单命令，打开随书光盘\素材\4\15.JPG素材文件。

步骤2：选择调整命令。

单击"图层"面板下方的"创建新的填充或调整图层"按钮 ◑，在打开的列表中单击"照片滤镜"选项。

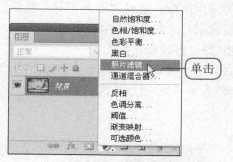

步骤3：设置选项。

在打开的"调整"面板中，设置"照片滤镜"选项中的"滤镜"为"深蓝"，"浓度"为80%，设置后可直接查看到图像应用效果。

步骤4：在"图层"面板中查看调整图层。

在"调整"面板中可看到创建了一个名为"照片滤镜1"的调整图层，双击该图层前的"图层缩览图"，可打开"调整"面板。

53

步骤5：修改设置。

在打开的"调整"面板中，更改"滤镜"选项为"加温滤镜（85）"，然后关闭面板。

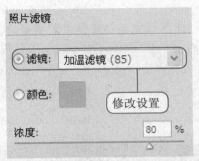

步骤6：查看修改后图像效果。

此时，在图像窗口中可看到照片被修改为橙色调。

提示：调整图层优点

　　编辑不会造成破坏，可以进行不同的设置并随时重新编辑调整图层，也可以通过降低调整图层的不透明度来减轻调整的效果。能够将调整应用于多个图像，在图像之间拷贝和粘贴调整图层，以便应用相同的颜色和色调调整。

4.4.2　对调整图层蒙版进行编辑设置部分暗调

　　每个创建的填充／调整图层上都会自带一个图层蒙版，可用于编辑调整图层在图像中的应用区域。通过"画笔工具"在图层蒙版中涂抹黑色，被涂抹区域内的调整图层效果即被隐藏。下面介绍具体的操作步骤。

步骤1：打开素材照片。

执行"文件>打开"菜单命令，打开随书光盘\素材\4\16.JPG素材文件。

步骤2：设置调整图层。

❶ 在"图层"面板中创建一个"亮度／对比度"调整图层，并设置"亮度"为了-150，"对比度"为+100。

❷ 设置完成后，可看到图像被调暗。

步骤3：设置画笔工具。

❶ 选择工具箱中的"画笔工具" ，在选项栏中选择"柔角200像素"画笔。

❷ 在"图层"面板中单击"蒙版缩览图"，选中蒙版。

步骤4：设置前景色并涂抹。

❶ 设置前景色为黑色，使用"画笔工具"在图像中间部分进行涂抹，被涂抹的区域调整图层效果被隐藏。

❷ 在画面中查看隐藏部分图像的效果。

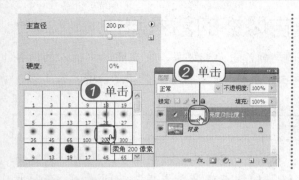

4.4.3　使用填充图层修复灰蒙蒙照片

在 Photoshop 中可创建三种填充图层，即纯色、渐变和图案填充图层，可在图像中添加纯色、渐变色以及图案效果。创建方法与调整图层相同，对创建的填充图层设置"图层混合模式"与图像混合，可达到意想不到的效果。下面介绍具体的操作步骤。

步骤1：打开素材照片。

执行"文件>打开"菜单命令，打开随书光盘\素材\4\17.JPG素材文件。

步骤2：选择填充命令。

单击"图层"面板下方的"创建新的填充或调整图层"按钮 ，在打开的列表中单击"渐变"选项。

步骤3：设置渐变颜色。

❶ 在打开的"渐变填充"对话框中，单击渐变条后面的下拉按钮。

❷ 在打开的"渐变"拾色器中，选择"橙、黄、橙"渐变。

步骤4：设置图层混合模式。

❶ 在"图层"面板中，将创建的"渐变填充1"的"图层混合模式"设置为"叠加"。

❷ 图层混合后，看到灰蒙蒙的图像变得色彩明艳。

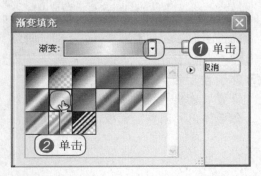

55

─··· 知识进阶：制作复古风格的艺术照片 ···─

　　运用色阶调整图层将图像边缘设置成暗调，制作出晕影效果，突显照片中的人物，再添加色阶调整图层，将图像整体色调调整为黄色，并利用照片滤镜调整图层，增强黄色调，调出复古风格的艺术照片。

光盘	第 4 章 \ 制作复古风格的艺术照片

❶ 执行"文件>打开"菜单命令，打开随书光盘\素材\4\18.JPG素材文件。

❸ 在打开的"调整"面板中，设置"色阶"选项参数依次为56、0.37，设置后可看到图像被调暗。

❺ 用步骤2中相同的方法，再创建一个色阶调整图层，在打开的面板中，设置"通道"为"绿"，将图像阴影区域的滑块向右拖曳到10的位置，将"输出色阶"中的右边白色滑块向左拖曳到216位置。

❷ 在"图层"面板中单击下方的"创建新的填充或调整图层"按钮 ⬤，在打开的列表中单击"色阶"选项。

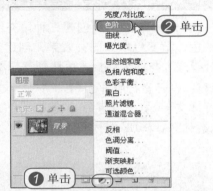

❹ 选择"画笔工具"，将前景色设置为黑色，然后调整画笔到适当大小，在图像中人物上进行涂抹，利用图层蒙版隐藏被涂抹区域的调整图层效果，只保留边缘暗调效果。

❻ 继续在面板中选择"通道"为"蓝"，设置"输出色阶"参数依次为19、126，然后弹出"调整"面板。

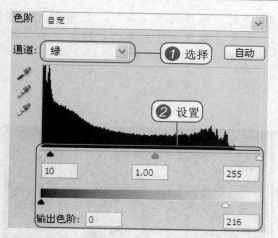

色阶 自定

通道：绿 ① 选择 自动

② 设置

10   1.00   255

输出色阶：0   216

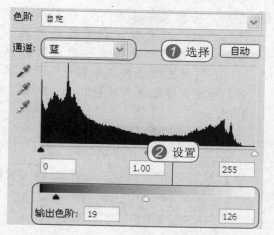

色阶 自定

通道：蓝 ① 选择 自动

② 设置

0   1.00   255

输出色阶：19   126

⑦ 此时，在图像窗口中可看到图像应用调整图层效果，被调整为黄色调效果，在"图层"面板中，可查看到创建的两个色阶调整图层。

⑧ 再创建一个照片滤镜调整图层，在打开的"调整"面板中，设置"滤镜"为"橙"，"浓度"为41%，在图像窗口中可看到设置后照片添加了橙色调。

① 查看设置后效果

② 查看调整图层

色阶 2

色阶 1

背景

② 查看设置效果

① 设置

照片滤镜

滤镜：橙

颜色：

浓度：41 %

⑨ 选择"裁剪工具"，在图像中创建一个与图像大小相同的裁剪区域，然后通过拖曳边框上的锚点，调整裁剪区域边缘，扩展到画布以外。

⑩ 将背景色设置为黑色，按下Enter键，确认裁剪，画布以外的区域裁剪后即填充了背景黑色。

查看裁剪边框效果

② 查看裁剪效果

① 设置

57

⓫ 选择"横排文字工具",并调出"字符"面板,在面板中设置需要的文字属性,单击"颜色"选项后面的颜色框,在打开的"选择文本颜色"拾色器中,设置文字颜色为黄色R255、G219、B119。

⓬ 使用"横排文字工具",在图像下方的黑色区域中间位置单击,输入一些需要的文字,增加画布效果。

应用Photoshop CS4处理数码照片

Chapter 5

特殊的光色处理

——调整照片的影调

通过 Photoshop 对数码照片进行特殊光色的处理，可增强照片的光影，表现出更加完美的照片影调效果。

对照片的影调进行调整，可使照片恢复正确的曝光效果，以及逆光、侧光给照片带来的问题。通过 Photoshop 可对照片中出现的面部油光、局部过亮、红眼等光影问题简单快速地进行修饰，从而增强照片的光影效果，使照片重现绚丽影调。

5.1 调整数码照片的影调

难度水平
◆◆◆◆◇

关键字
逆光、曝光过度、曝光不足

视频学习 光盘\第5章\5-1-1调整逆光的照片、5-1-2调整曝光过度的照片、5-1-3调整曝光不足的照片、5-1-4调整侧光造成的面部局部亮面

通过各种调整命令或调整图层的互相配合，可以修复因各种原因导致照片出现的影调问题。例如，调整逆光照片，调整曝光过度的照片，以及调整曝光不足的照片，使影调出现问题的数码照片恢复到正确光影状态下拍摄的效果。

5.1.1 调整逆光的照片

当太阳光直接照射镜头时，拍摄出来的照片就会产生逆光效果，使得拍摄的物体正面变暗，无法正常地查看拍摄效果。下面介绍通过色阶调整图层，提亮照片，并利用调整图层中的图层蒙版，将不需要调整图层效果的区域隐藏，使逆光的照片光线回到自然状态。下面介绍具体的操作步骤。

步骤1： 打开素材照片。

执行"文件>打开"菜单命令，打开随书光盘\素材\5\1.JPG素材文件。

步骤2： 设置色阶调整图层。

❶ 在"调整"面板中，单击"创建新的色阶调整图层"按钮。

❷ 在打开的"色阶"选项中，设置选项参数。

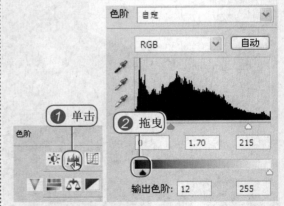

步骤3： 选择画笔工具。

设置完成后，在图像窗口中可看到图像被整体提亮，但背景区域显示得过亮，在工具箱中单击"画笔工具"按钮 ，将画笔工具选中。

步骤4： 选择画笔工具。

设置前景色为黑色，然后使用画笔工具在图像中的背景区域上进行涂抹，被涂抹过的区域即隐藏了调整图层效果，显示原图像中的背景效果。

② 单击

① 查看色阶调整图层效果

② 查看图像效果

① 查看蒙版效果

提示：了解图层蒙版的特性

图层蒙版就是对某一图层起遮盖效果的在实际中并不显示的一个遮罩，用来控制图层的显示区域、不显示区域和透明区域。使用"画笔工具"在蒙版中涂抹后，就会出现黑白灰的效果，在蒙版中出现的黑色表示在操作图层中的这块区域不显示，白色表示显示这块区域，介于黑色与白色之间的灰色表示这块区域以半透明的方式显示。

5.1.2 调整曝光过度的照片

在强烈光线下拍摄照片时，常会出现曝光过度的效果，使照片的局部过亮而导致失真。这里将通过对曝光过度的照片载入高光区域选区，使用"亮度／对比度调整图层"，降低高光区域图像亮度。下面介绍具体的操作步骤。

步骤1： 打开素材文件。

① 打开随书光盘\素材\5\2.JPG素材文件。

② 在"通道"面板中，按住Ctrl键的同时使用鼠标单击RGB通道前的"通道缩览图"载入蒙版中选区。

步骤2： 查看选区效果。

此时，在图像窗口中可看到载入通道的选区效果，将图像中的高光区域创建在了选区中。

按住Ctrl键单击

查看选区层效果

▶ **补充知识**

通过载入RGB通道中的选区，可将图像中的高光区域创建为选区，然后对选区内图像执行调整命令或添加调整图层，就会只对选区内图像产生效果，而不影响选区外的图像。

步骤3：设置亮度/对比度调整图层。

1 在"调整"面板中单击，创建一个"亮度/对比度"调整图层，在打开的"亮度/对比度"选项中，设置"亮度"为-70，"对比度"为+45。

2 设置后，可看到高光选区内的图像亮度被降低。

步骤4：设置色阶调整图层。

1 在"调整"面板中，再创建一个"色阶"调整图层。在打开的"色阶"选项中设置需要的参数。

2 设置后，可看到图像恢复到正常曝光的状态。

5.1.3 调整曝光不足的照片

使用"曝光度"命令，可以提高或降低照片的曝光度，使照片达到正常的曝光效果。执行"图像 > 调整 > 曝光度"菜单命令，在打开的"曝光度"对话框中，设置的选项参数为负数时，就会使图像变暗；设置的参数为正数时，就会提高图像的亮度。下面介绍具体的操作步骤。

步骤1：创建图层副本。

1 执行"文件>打开"菜单命令，打开随书光盘\素材\5\3.JPG素材文件。

2 在"图层"面板中，复制一个"背景"图层，得到"背景副本"图层。

步骤2：设置曝光度。

1 执行"图像>调整>曝光度"菜单命令，打开"曝光度"对话框。

2 在对话框中设置"曝光度"为+3.40，"灰度系数校正"参数为0.9，然后单击"确定"按钮。

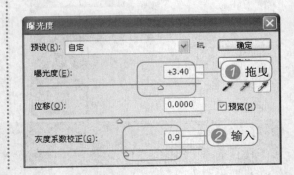

步骤3：查看提高曝光度效果。

设置完成后，可看到原本因曝光不足出现的偏暗图像，被调整到正常的曝光度效果。

查看调整曝光度效果

【摄影讲座】低调影像是具有从正黑到纯白的所有色调区域，但以暗色调为主，同时又具有很多暗部的细节，而曝光不足的影调是没有亮点的。

▶ **你问我答**

问：什么是曝光过度、曝光不足？

答："曝光过度"是指由于光圈开得过大、底片的感光度太高或曝光时间过长所造成的影像失常，通常会产生照片的高光区域过亮的效果。"曝光不足"是指适合于摄影的光量不足，就会使色彩变混浊，画面也变暗。因此，需要正确的曝光才能拍摄出好的照片。

5.1.4 调整侧光造成的面部局部亮面

在拍摄侧光照片时，如果掌握不好光线角度，就很容易出现局部亮面。这里将介绍使用"修补工具"在图像中创建修补选区，然后拖曳选区到需要的图像位置，将亮面区域修补成正常的皮肤效果，并且利用"减淡工具"提亮人物面部皮肤，达到自然的肤色效果。下面将介绍具体的操作步骤。

步骤1：创建图层副本。

❶ 执行"文件>打开"菜单命令，打开随书光盘\素材\5\4.JPG素材文件。

❷ 在"图层"面板中，复制一个"背景"图层，得到"背景副本"图层。

步骤2：创建修补选区。

❶ 选择"修补工具"，并在其选项栏中勾选"源"单选框。

❷ 使用"修补工具"在人物脸部光亮的地方单击并拖曳创建一个修补选区。

创建图层副本

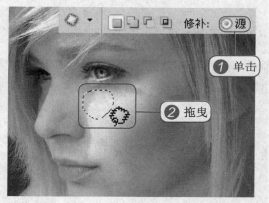

① 单击

② 拖曳

步骤3： 修补图像。

❶ 使用"修补工具"在选区内单击并拖曳至左边较暗的皮肤区域。

❷ 释放鼠标后，即将较暗的皮肤区域修补到亮部皮肤上，按下快捷键Ctrl+D可取消选区，查看修补效果。

步骤4： 继续修补图像。

用同样的方法使用"修补工具"在图像中的亮部皮肤上创建修补区域，对其进行修补。

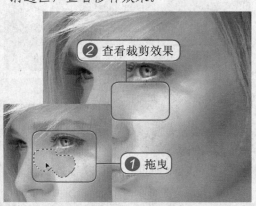

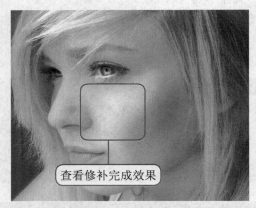

步骤5： 提亮皮肤。

❶ 在工具箱中选择"减淡工具"，然后在其选项栏中设置"画笔"为70px，"范围"为"中间调"，"曝光度"为5%。

❷ 使用"减淡工具"在图像中人物脸部皮肤上进行涂抹，提亮皮肤，使修补图像与其他皮肤色调达到一致，自然地调整面部局部亮面，恢复到统一的皮肤亮度。

提示：减淡图像

使用"减淡工具"可将被涂抹过的区域像素提亮，其选项栏中的"曝光度"参数设置得越大，减淡效果越明显，反之参数设置得越小，减淡效果就越淡。

5.2

难度水平
◆◆◆◇◇

修饰光影问题的照片

关键字
油光、局部过亮、边角失光、红眼

视频学习 光盘\第5章\5-2-1去除脸部的油光、5-2-2调整闪光灯造成的人物局部过亮、5-2-3校正边角失光的照片、5-2-4去除人物红眼效果

在拍摄照片时，难免会出现一些光影问题的照片，例如拍摄的人物面部出现部分区域过亮、使用闪光灯拍摄离镜头近的物体常会出现较强的光照效果等。对于这些问题都是可以通过Photoshop来进行解决的。下面就来学习如何修饰光影问题的照片。

5.2.1 去除脸部的油光

在为油性皮肤的人拍摄照片时，面部常会出现油光效果，使得局部过亮。通过"通道"面板和"加深工具"之间的配合，将人物面部的油光去除。下面介绍具体的操作步骤。

步骤1：转换颜色模式。

❶ 打开随书光盘\素材\5\5.JPG素材文件。

❷ 执行"图像>模式>CMYK颜色"菜单命令，将图像转换为CMYK颜色模式。

步骤2：选择颜色通道。

❶ 在"通道"面板中，选择"洋红"通道，其他颜色通道被隐藏。

❷ 单击"黄色"颜色通道前的"切换通道显示性"按钮，显示"黄色"通道。

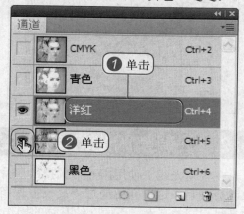

步骤3：减淡图像。

❶ 选择"加深工具"，并在选项栏对选项进行设置。

❷ 使用"加深工具"在通道图像中对额头和鼻梁上过亮的区域进行涂抹，被涂抹过的区域变暗。

步骤4：在黄色通道中进行加深。

❶ 在"通道"面板中，选中"黄色"通道。

❷ 使用"加深工具"在前面涂抹过的区域上再进行涂抹加深，使光亮的皮肤区域变得与其他皮肤相同。

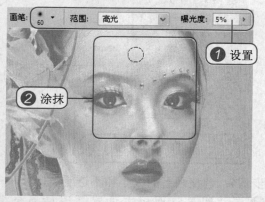

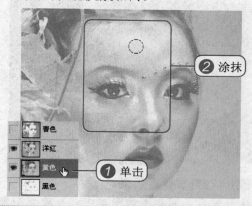

▶ **补充知识**

　　使用"加深工具"可将被涂抹过的图像像素加深变暗，与"减淡工具"效果相反。

步骤5：显示所有通道。

在"通道"面板中，使用鼠标单击CMYK通道，即显示所有的颜色通道，回到原图像中。

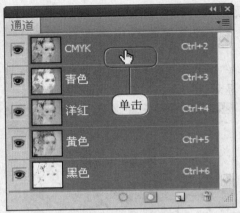

步骤6：查看去除油光效果。

此时，在图像窗口中可看到人物脸部的油光被去除了，整体面部皮肤调整到统一的效果。

查看去除油光效果

5.2.2 调整闪光灯造成的人物局部过亮

　　在较暗光线下使用闪光灯拍摄的照片中，离镜头较近的图像会显得很亮，而较远的图像就会很暗。这里介绍通过"高反差保留"滤镜降低图像亮度，使过亮区域恢复与照片整体光线相同的亮度。下面介绍具体的操作步骤。

步骤1：创建图层副本。

① 打开随书光盘\素材\5\6.JPG素材文件。

② 在"图层"面板中，将"背景"图层向下拖曳到"创建新图层"按钮上，复制图层得到"背景副本"图层。

创建图层副本

步骤3：查看设置后效果。

确认设置后，回到图像窗口中，可看到图像应用"高反差保留"滤镜的效果。

步骤2：设置高反差保留滤镜。

① 执行"滤镜>其他>高反差保留"菜单命令，打开"高反差保留"对话框。

② 在对话框中设置"半径"为60像素，并可在预览框中预览设置效果。

② 预览设置效果

半径(R): 60 像素

① 设置

步骤4：调整画笔的大小和不透明度。

① 在"图层"面板中设置"图层混合模式"为"明度"，"不透明度"为50%。

② 设置后可看到图像调整到整体亮度相同的效果。

提示："高反差保留"滤镜

"高反差保留"滤镜可以将照片中明显的线条提取出来，反差越大的地方提取出来的线条效果越明显，反差越小的地方提取出来的线条呈现灰色。主要通过"半径"值来控制提取的边缘宽度，参数越小，提取线条越细；参数越大，显示的边缘宽度越大，显示的范围也越大。

5.2.3　校正边角失光的照片

对于出现边角失光而导致部分区域很暗的数码照片，这里将介绍通过"色阶调整图层"提亮图像的中间调，使照片整体变亮，然后通过"渐变工具"编辑图层蒙版，将原本明亮的区域调整图层效果隐藏，恢复到统一的光线亮度中。下面介绍具体的操作步骤。

步骤1：打开素材照片。

执行"文件>打开"菜单命令，打开随书光盘\素材\5\7.JPG素材文件。

步骤2：设置色阶调整图层。

❶ 在"调整"面板中，单击"创建新的色阶调整图层"按钮，新建色阶调整图层。

❷ 在打开的"色阶"选项中，将中间调滑块向左拖曳到3.35位置。

步骤3：设置渐变工具选项栏。

❶ 设置调整图层后，可看到图像整体被提高亮度边角的树木可见。

❷ 选择"渐变工具"，在其选项栏中选择黑白渐变色，并选择"线性"渐变类型。

步骤4：编辑图层蒙版。

❶ 使用"渐变工具"在调整图层的蒙版中进行拖曳应用渐变，可看到上方天空图像隐藏了调整图层效果。

❷ 在"图层"面板中，可查看到蒙版填充了黑白渐变。

步骤5：提高对比度。

创建一个"亮度/对比度"调整图层在"色阶"调整图层之上，在打开的选项中设置"对比度"为52，可看到图像设置后加强了对比。

【摄影讲座】通常在阳光明媚的晴朗天气里利用阴影表现画面更强的空间感和立体感，而阴天里，光线散射，能产生非常柔和的阴影，不能很好地制作视觉冲击力的效果。

68

5.2.4 去除人物红眼效果

红眼是由于相机闪光灯在主体视网膜上反光引起的。在光线较暗的地方进行照片拍摄，通常会使用闪光灯进行补光，更容易拍摄到带有红眼的照片。在Photoshop中利用"红眼工具"可轻松去除照片中的红眼，使照片恢复正常的效果。下面介绍具体的操作步骤。

步骤1：选择工具。

① 打开随书光盘\素材5\8.JPG素材文件。

② 在工具箱中选中"红眼工具"。

步骤2：框选红眼图像。

① 设置红眼工具的瞳孔大小为40%，变暗量为40%。

② 在人物红眼位置，单击并拖曳鼠标设置一个矩形区域。

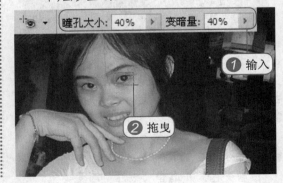

步骤3：设置其他的红眼效果。

❶ 根据上一步对右眼的红眼效果进行设置后，去除了右眼的红眼效果。

❷ 继续使用"红眼工具"在左眼上单击并拖曳一个矩形框。

步骤4：查看去除红眼效果。

根据上一步对人物的左眼进行去除红眼设置，查看去除红眼后的图像效果。

② 拖曳
① 查看修复红眼效果

查看修复红眼效果

提示：红眼工具可去除眼睛其他颜色的反光

　　在较暗光线下拍摄照片时，会使用闪光灯拍摄，不同的生物眼睛对于光线的感应不同，从而还会在眼睛上产生绿色或白色的反光效果。使用红眼工具也同样可以将动物照片中的白色和绿色反光进行去除。

5.3　增强数码照片的光影效果

难度水平
◆◆◆◆◇

关键字
光晕、光照效果、减淡、加深

视频学习　光盘\第5章\5-3-1增加照片的光晕效果、5-3-2增加照片的聚光灯效果、5-3-3为照片增加温暖色调、5-3-4让暗淡的照片变得色彩亮丽、5-3-5使照片更有层次

　　利用 Photoshop 中各种工具和命令，可增强照片的光影效果，例如利用"镜头光晕"滤镜在照片中添加光晕效果，利用"光照效果"滤镜在照片中制作聚光灯效果，利用"海绵工具"增强照片饱和度让暗淡的照片变得色彩亮丽等，为照片光影增效。

5.3.1　增加照片的光晕效果

　　使用"镜头光晕"滤镜，可在图像的任意位置设置不同的光晕效果。执行"滤镜＞渲染＞镜头光晕"菜单命令，在打开的"镜头光晕"对话框中，可设置4种不同的镜头类型，并能通过"光晕中心"调整光晕的位置。下面介绍在照片中添加光晕效果的具体操作步骤。

步骤1：创建图层副本。

❶ 打开随书光盘\素材\5\9.JPG素材文件。

❷ 在"图层"面板中，复制"背景"图层得到"背景副本"图层。

步骤2：设置镜头光晕滤镜。

❶ 执行"滤镜＞渲染＞镜头光晕"菜单命令，打开"镜头光晕"对话框。

❷ 在对话框中对选项进行设置，并在预览框中将"光晕中心"拖曳到右上方位置。

创建图层副本

背景 副本

背景

镜头光晕

光晕中心：

确定

取消

② 拖曳

亮度(B): 150 %

镜头类型

○ 50-300 毫米变集(Z)

○ 35 毫米聚焦(K)

○ 105 毫米聚焦(L)

○ 电影镜头(M)

① 设置

步骤3： 查看添加光晕效果。

确认滤镜设置后，回到图像窗口中可看到图像中右上方位置添加了白色的光晕效果。

步骤4： 设置图层混合模式。

① 在"图层"面板中，设置"背景副本"图层的"图层混合模式"为"强光"。

② 设置后可查看到图层混合后效果。

查看光晕效果

② 查看设置后效果

① 设置

强光

锁定：☑ ✔ ✛ ☐

背景 副本

背景

▶ **补充知识**

　　在"镜头光晕"对话框中，有四种不同的"镜头类型"选项，可模拟不同镜头下的光晕效果。下面四幅图中依次展示了这四种镜头效果。

5.3.2　增加照片的聚光灯效果

　　"光照效果"滤镜可为图像设置照明效果，或更改图像灯光颜色位置等。通过"光照效果"对话框可设置三种类型的光照效果，通过颜色框可将光照更改为任意的颜色。下面介绍为增强照片聚光灯效果的具体操作步骤。

步骤1：创建图层副本。

❶ 打开随书光盘\素材\5\10.JPG素材文件。

❷ 在"图层"面板中，复制"背景"图层得到"背景副本"图层。

步骤3：设置选项。

❶ 在对话框左侧的预览框中调整光照的方向与范围大小。

❷ 在右侧选项中设置"强度"为27，"数量"为56，然后单击"确定"按钮。

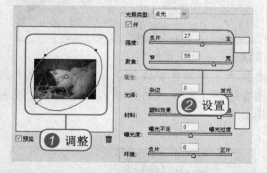

步骤2：执行菜单命令。

❶ 执行"滤镜>渲染>光照效果"菜单命令，打开"光照效果"对话框。

❷ 在"光照类型"选项下拉列表中单击"点光"选项。

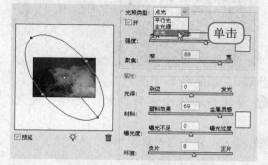

步骤4：查看设置光照效果。

根据上一步骤中光照效果滤镜的设置，可看到图像应用后，增加了照片聚光灯效果。

5.3.3　为照片增加温暖色调

　　照片的色调是指一张照片色彩的基本倾向，是对整体色彩而言。这里将介绍通过"色彩平衡调整图层"的设置，更改照片为温暖的橙色调，再利用"色阶调整图层"增强照片色调的对比度。下面介绍为照片增强温暖色调的具体操作步骤。

步骤1：打开素材照片。

执行"文件>打开"菜单命令，在"打开"对话框中，打开随书光盘\素材\5\11.JPG素材文件。

步骤2：创建色彩平衡调整图层。

❶ 在"调整"面板中单击"创建新的色彩平衡调整图层"按钮，新建一个"色彩平衡调整图层"。

❷ 在打开的"色彩平衡"选项中对"中间调"进行设置。

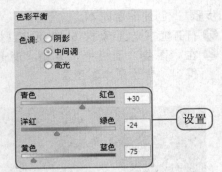

步骤3：设置色彩平衡。

① 继续在面板中进行设置，选择"高光"色调。

② 依次设置选项参数为+31、-9、-47。

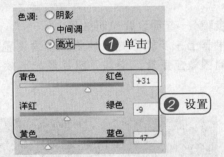

步骤4：创建色彩平衡调整图层。

此时，在图像窗口中可看到图像设置调整图层后，色调被更改为暖色调。

步骤5：设置色阶调整图层。

① 在"调整"面板中再创建一个"色阶调整图层"。

② 在打开的"色阶"选项中，设置参数依次为34、1.29、230。

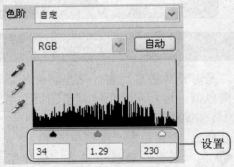

步骤6：查看设置后效果。

根据上一步对色阶调整图层的设置，可看到图像增强了对比，将原来的照片调整为暖色调效果。

▶ **你问我答**

问：什么是暖色调？

答：色调会让人产生冷暖感，一般来说暖色以红色为暖色，从红色过度到黄色为暖色，橙色为最暖，暖色调的照片会给人一种热烈、欢乐、温暖、开朗、活跃的感觉。

5.3.4 让暗淡的照片变得色彩亮丽

"海绵工具"可精确地更改区域的色彩饱和度,可以使图像中特定区域色调变深或变浅。在选项栏中通过"饱和"模式可以提高饱和度,"降低饱和度"模式选项可以在图像中降低被涂抹区域的饱和度。下面介绍使用海绵工具提高图像饱和度的具体操作步骤。

步骤1:创建副本图层。

① 打开随书光盘\素材\5\12.JPG素材文件。

② 在"图层"面板中,复制一个"背景"图层,生成"背景副本"图层。

步骤3:设置海绵工具。

① 在工具箱中选择"海绵工具",并在其选项栏中对选项进行设置。

② 使用"海绵工具"在图像中人物嘴唇上进行涂抹,被涂抹后提高了嘴唇的饱和度。

步骤2:提高自然饱和度。

① 对复制图层执行"图像>调整>自然饱和度"菜单命令。

② 在打开的"自然饱和度"对话框中设置"自然饱和度"为+100。

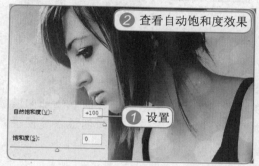

步骤4:提高图像饱和度。

继续使用"海绵工具"在图像中进行涂抹,被涂抹过的区域即提高了饱和度,增强了色彩,将原本暗淡的照片变得色彩艳丽。

5.3.5 使照片更有层次

对于一些平淡的数码照片,可通过"图层混合模式"的设置,增强照片的光影、色彩等。这里介绍通过设置图层混合模式加强照片色调后,利用"图层蒙版"在图像中进行编辑,制作出色彩变换明显且具有层次感的风景照片。下面介绍使照片更有层次的具体操作步骤。

步骤1：创建副本图层。

① 打开随书光盘\素材\5\13.JPG素材文件。

② 在"图层"面板中，将"背景"图层向下拖曳到"创建新图层"按钮上，复制图层，生成"背景副本"图层。

创建图层副本

步骤3：新建图层蒙版。

在"图层"面板中单击下方的"添加图层蒙版"按钮，为"背景副本"图层创建图层蒙版。

单击

步骤2：设置图层混合模式。

① 在"图层"面板中，设置复制图层的"图层混合模式"为"颜色加深"。

② 图层混合后，可看到图像色彩、对比度都被加强。

② 查看图层混合效果

① 设置

步骤4：编辑图层蒙版。

① 将前景色设置为黑色，选择"画笔工具"，并在其选项栏中对选项进行设置。

② 使用画笔工具在图像中的树木和沙滩上进行涂抹，显示原图像效果。

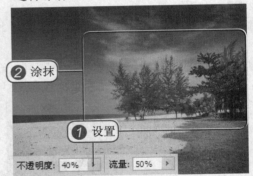

② 涂抹

① 设置

知识进阶：青色调的梦幻照片处理

　　通过对通道的编辑，快速将照片设置为青色调，利用"模糊"滤镜和图层混合模式，将人物设置得更加柔和，制作出梦幻光线的效果。然后通过色相／饱和度调整图层，提高图像饱和度，增强色彩并设置"光照效果"滤镜更改照片光影效果，增强照片的梦幻感。

光盘	第5章 \ 青色调的梦幻照片处理

① 打开随书光盘\素材\5\14.JPG素材文件，在"图层"面板中，复制一个"背景"图层，生成"背景副本"图层。

② 在"通道"面板中，选择"绿"通道，然后按下快捷键Ctrl+A，全选绿通道，即将该通道下的图像创建在选区内，按下快捷键Ctrl+C，复制选区内的通道图像。

74

创建图层副本

③ 选择"蓝"通道,按下快捷键Ctrl+V,粘贴上一步骤中复制的绿通道图像,然后单击RGB通道,显示所有的颜色通道,回到原图像中。

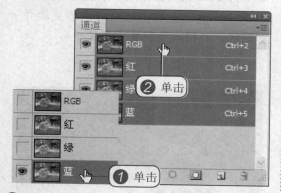

⑤ 对复制图层执行"滤镜>模糊>高斯模糊"菜单命令,在打开的"高斯模糊"对话框中,设置"半径"为6像素。通过预览框可看到设置模糊后的图像效果,单击"确定"按钮,关闭对话框。

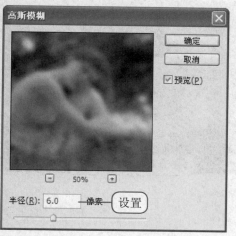

② 查看选区效果

① 单击

④ 在图像窗口中可看到图像通道编辑后,制作成了青色色调。然后在面板中复制一个"背景副本"图层,生成"背景副本2"图层。

① 查看编辑蒙版效果

② 复制图层

⑥ 在"图层"面板中,设置"背景副本2"图层的"图层混合模式"为"柔光"。可看到图层混合后,图像边　了明暗对比,并变得更加柔和。

② 查看图层混合效果

① 设置　柔光

75

⑦ 在"调整"面板中创建一个"色相/饱和度调整图层"，在打开的选项中设置"色相"为+3，"饱和度"为+47。

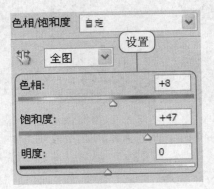

⑨ 执行"滤镜>渲染>光照效果"菜单命令，在打开的"光照效果"对话框中，设置各选项参数。在预览框中调整光照位置与范围，然后单击"确定"按钮。

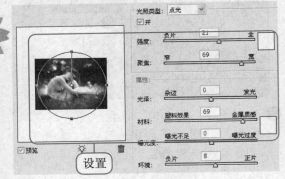

⑪ 选择"减淡工具"，在其选项栏中设置"画笔"直径为60px，"范围"为"中间调"，"曝光度"为5%，然后使用"减淡工具"在图像中人物的脸部和手臂上较暗的区域上进行涂抹，提亮皮肤，制作出青色调的梦幻照片效果。

⑧ 设置后，可看到图像提高了饱和，色彩变得更鲜艳。按下快捷键Shift+Ctrl+Alt+E，盖印图层，生成"图层1"。

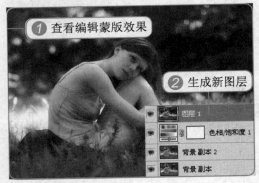

⑩ 确认滤镜设置后，可看到图像更改了光照效果，将人物调整为图像中心。

Chapter 6

你可以拯救照片

——问题照片的修复

对于有问题的数码照片，可以通过 Photoshop 轻松地进行修复，去除照片中的瑕疵，即使对破损照片也能修复如初。

通过对图像的修复，可去除旧照片中出现的划痕、杂点等，使得破损的照片恢复到完好的效果，并通过各种调色命令的使用，对照片的色彩进行校正，还原照片自身的色彩。结合各种工具和滤镜命令等，还可以调整照片中出现的紫边和噪点等瑕疵，最后对照片的背景进行修复处理，让数码照片中的问题得到完美的解决。

6.1 破损旧照片的修复

难度水平
◆◆◆◆◇

关键字
修复、修补、去除污点、画笔工具

视频学习 光盘\第6章\6-1-1使用"修复画笔工具"消除划痕、6-1-2使用 "污点修复画笔工具"去除旧照片污迹、6-1-3使用"修补工 具"修补丢失的部分照片图像、6-1-4使用"画笔工具"为旧照 片人物增色

通过修复画笔工具,可以对图像中的瑕疵进行修复,还可以将不需要的部 分图形进行遮盖和隐藏。利用污点修复画笔工具可将照片中的污点去除,对退 色的旧照片还可通过画笔工具为其增色,使破损的旧照片得到完善的修复。

6.1.1 使用"修复画笔工具"消除划痕

修复画笔工具可以用于数码照片的瑕疵校正,通过图像或图案中的样本像素来修复画 面中的不理想部分。使用前需要按住 Alt 键,在图像中单击进行取样像素,然后在需要修 复的像素中单击即可。下面将具体介绍使用修复画笔工具消除老照片中的划痕的操作。

步骤1:打开素材文件选择工具。

❶ 打开随书光盘\素材\6\1.JPG素材文件。 长按工具箱中的"污点修复画笔工具" 按钮,弹出隐藏工具选项。

❷ 在弹出的工具选项中选中"修复画笔工 具"。

步骤2:设置画笔并取样。

❶ 在选项栏中,设置画笔直径为10px,并 选中"取样"。

❷ 使用"修复画笔工具"在图像中有划痕 的图像边缘按住Alt键的同时单击,取样 像素。

步骤3:单击图像去除划痕。

取样像素后,在图像中有划痕的图像上单 击,即可用取样的图像对其进行覆盖。

步骤4:增大画笔继续去除。

根据之前的操作步骤,重复对划痕周围的图 像进行取样,并将取样的图像覆盖至划痕图 像上,将划痕图像完全修复。

提示:通过快捷键快速设置画笔的直径

在应用多种工具需要进行画笔设置时,使用键盘上"["键和"]"键,可以快速地对画 笔的直径按一定比例进行放大或缩小,按"["键可以将画笔的直径调小,按"]"键可以将 画笔的直径调大。

单击

查看去除划痕的图像效果

6.1.2 使用"污点修复画笔工具"去除旧照片污迹

　　污点修复画笔工具可通过简单地单击快速地修复照片中的污点和瑕疵图像，使用该工具可以自动从修饰区域的周围取样，修复有污点的像素，并将样本像素的纹理、光照、透明度和阴影与所修复的像素相匹配。下面介绍具体的操作步骤。

步骤1： 打开素材文件选择工具。

① 打开随书光盘\素材\6\2.JPG素材文件，为背景图层创建图层副本。

② 单击工具箱中的"污点修复画笔工具"按钮，选中污点修复画笔工具。

步骤2： 设置画笔属性。

① 在选项栏中，打开"画笔"选取器面板，在面板中输入画笔的直径为10px。

② 使用污点修复画笔工具在图像中黑色污迹上进行单击，即可修复图像。

② 单击

① 创建图层副本

步骤3： 去除污迹。

继续使用"污点修复画笔工具"在图像中有污迹的地方进行单击修复，还原照片的整洁。

【摄影讲座】眼睛是心灵的窗口，对人类而言是如此，对动物而言也是一样的。在拍摄动物时，对准它们的眼睛对焦，可使拍摄出的动物照片更具吸引力。

① 设置

② 单击

查看去除污迹的图像效果

79

6.1.3 使用"修补工具"修补丢失的部分照片图像

修补工具可以利用样本或图案对所选区域的图像中不理想的部分进行修复。使用修补工具前需要在图像中通过拖曳，为修补区域创建一个选区，再拖曳选区图像至替换区域对选区图像进行修复。下面将介绍具体的操作步骤。

步骤1：选择修补工具。

❶ 打开随书光盘\素材\6\3.JPG素材文件，在工具箱中选中"修补工具"。

❷ 在"图层"面板中复制一个"背景"图层，生成"背景副本"图层。

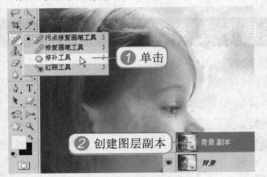

步骤3：移动取样区域修复图像。

❶ 将上一步拖曳的鼠标光标移动至光标起始位置，释放鼠标即可得到图像选区。

❷ 拖曳鼠标至画面中正常的皮肤区域上，将缺失区域覆盖。

步骤5：继续修补图像。

❶ 继续使用修补工具在缺失的图像中创建选区。

❷ 在选区内单击并向下拖曳选区，对缺失图像进行覆盖。

步骤2：设置修补工具。

❶ 在修补工具选项栏中勾选修补"源"。

❷ 在女孩脸上缺失的图像边缘单击并拖曳鼠标，光标移动的地方自动创建路径。

步骤4：取消选区。

按下快捷键Ctrl+D取消选区后，可看到用光标移动位置的图像将原图像进行覆盖，原本缺失的图像被修补上正常的皮肤效果。

步骤6：取消选区的选中。

使用同样的方法再继续对其他缺失的图像进行修补，还原完整照片效果。

拖曳

查看修补完成效果

提示：通过图案对图像进行修补

　　修补工具还可以直接从图案对图像进行修补，创建需要修补的选区。单击选项栏中的"使用图案"按钮，将修补源设置为图案，拖曳选区进行修补时即可将选中的图案对选区像素进行修补。

6.1.4　使用"画笔工具"为旧照片人物增色

　　通过在图像中涂抹添加颜色，在选项栏中可以调整笔触的形态、大小以及材质，还可以随意调整特定形态的笔触，以前景色显示绘制效果。下面介绍使用"画笔工具"为旧照片中的人物增色的具体操作步骤。

步骤1：创建副本图层。

❶ 打开随书光盘\素材\6\4.JPG素材文件。

❷ 在"图层"面板中，复制一个"背景"图层，生成"背景副本"图层。

步骤2：执行命令。

❶ 对复制图层执行"图像>自动色调"菜单命令。

❷ 执行命令后，可看到图像自动调整色调的效果。

创建图层副本

背景 副本

背景

图像(I) 图层(L)

模式(M)

调整(A)

自动色调(N)
自动对比度(U)
自动颜色(O)

❶ 单击

❷ 查看自动色调效果

步骤3：设置画笔工具选项。

❶ 选择"画笔工具"，在其选项栏中打开"画笔预设"选取器，选择"柔角45像素"画笔。

❷ 在"图层"面板中新建"图层1"，并设置其图层混合模式为"叠加"。

步骤4：使用画笔工具绘制。

❶ 设置前景色为浅红色R227、G207、B193。

❷ 使用"画笔工具"在人物裙子上进行涂抹，可看到更改了其颜色。

81

查看绘制效果

步骤5：更改选项。

❶ 在选项栏中更改"不透明度"和"流量"都为50%。

❷ 使用"画笔工具"在人物皮肤和头发上进行涂抹，可看到被涂抹的区域图像被提亮。

步骤6：增强头发颜色。

❶ 现新建一个"图层2"，设置图层混合模式为"颜色"。

❷ 更改前景色为R242、G208、B185，然后使用"画笔工具"在人物头发上进行绘制，可看到增强了头发颜色。

❷ 单击

❶ 设置

不透明度：50%　流量：50%

❷ 查看绘制效果

❶ 设置

6.2 色彩失真的照片处理

难度水平
◆◆◆◇◇

关键字
偏色、褪色、平衡色彩

视频学习　光盘\第6章\6-2-1照片偏色的处理、6-2-2调整褪色的彩色照片、6-2-3修复并平衡照片色彩

　　拍摄时受环境色的影响，常会导致偏色照片，对于一些放置时间长久的照片，色彩会也会出现失真现象。针对这一问题，这里将学习对偏色照片的处理、调整褪色的彩色照片以及平衡照片色彩，还原照片原有的缤纷色彩，恢复美丽的画面。

6.2.1 照片偏色的处理

　　当日出或夕阳下，色温偏低，阳光中的红色，辐射线成了主要的光线，这时拍摄的照片就很容易出现偏色，影响原有的色彩效果。这里可通过"可选颜色调整图层"将照片中的某种颜色减少，并适当增强一些色彩，从而使偏色的照片恢复原有的色彩。下面介绍使用调整图层对偏色照片的具体处理步骤。

步骤1：打开素材。

执行"文件>打开"菜单命令，打开随书光盘\素材\6\5.JPG素材文件。

步骤3：设置可选颜色。

❶ 在打开的"可选颜色"选项中，单击"颜色"选项的下拉按钮，在打开的列表中选择"黄色"。

❷ 对选择的颜色进行色彩的调整。

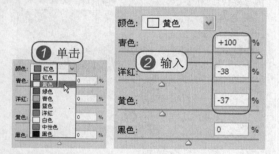

步骤5：查看调整图层效果。

根据上一步的设置，可看照片应用调整图层的效果，并可在"图层"面板中查看到创建的名称为"可选颜色1"调整图层。

查看可选颜色调整效果

步骤2：创建调整图层。

在"调整"面板中，单击"创建新的可选颜色调整图层"按钮，新建一个"可选颜色调整图层"。

可选颜色

单击

步骤4：继续设置可选颜色。

❶ 在"颜色"下拉列表中选择"中性色"。

❷ 选择颜色后，调整对话框下方的各种颜色百分比。

步骤6：提高亮度/对比度。

❶ 在"调整"面板中再创建一个"亮度/对比度调整图层"，并设置选项参数。

❷ 设置完成后可看到照片提高了亮度与对比度，使偏色照片恢复正常色彩。

❷ 查看设置效果

❶ 设置

亮度/对比度

亮度: 26

对比度: 32

83

▶ 补充知识

　　拍摄时色温偏高，如阴天或在阴影下，以及在海滨、高原等紫外线太强的地方，或在日光下采用了灯光型的胶片而没有加校色滤色镜，或者拍摄时曝光不足，都有可能造成照片偏蓝色。

6.2.2　调整褪色的彩色照片

　　冲洗出来的照片，与空气接触会产生化学反应，时间过长就会出现褪色的现象。通过扫描仪将照片扫描到电脑中，然后运行 Photoshop CS4 软件，就可通过几个简单的步骤还原褪色的照片，展现原本鲜艳的色彩。下面介绍具体的操作步骤。

步骤1：打开素材。

执行"文件>打开"菜单命令，打开随书光盘\素材\6\6.JPG素材文件。

步骤2：提高饱和度。

❶ 在"调整"面板中，单击"创建新的自然饱和度调整图层"按钮，在打开的"自然饱和度"选项中进行设置。

❷ 设置完成后，可看到图像饱和度被提高。

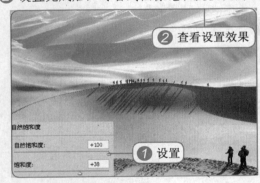

步骤3：设置图层混合模式。

❶ 按下快捷键Shift+Ctrl+Alt+E，盖印图层，生成"图层1"。

❷ 设置"图层1"的图层混合模式为"强光"。

步骤4：查看图像效果。

根据上一步的设置，在图像窗口中可查看到原来褪色的照片被调整成色彩鲜艳的美丽风光照片。

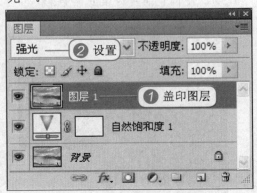

6.2.3 修复并平衡照片色彩

色彩是一张照片重要的表现部分，通过丰富的色彩更好地将拍摄的景物进行展现。这里将介绍通过图层混合模式和"色彩平衡调整图层"来修复并平衡照片的色彩，使平淡的照片色彩达到完美的效果。下面介绍具体的操作步骤。

步骤1：创建副本图层。

打开随书光盘\素材\6\7.JPG素材文件，并在"图层"面板中复制一个"背景"图层，生成"背景副本"图层。

步骤2：设置图层混合模式。

❶ 设置复制图层的"图层混合模式"为"柔光"。

❷ 可查看到图层混合后，照片加强了色彩之间的对比。

步骤3：创建色彩平衡调整图层。

❶ 在"调整"面板中，单击"创建新的色彩平衡调整图层"按钮，新建调整图层。

❷ 在打开的"色彩平衡"选项中，对"中间调"调整色彩。

步骤4：设置高光色彩平衡。

❶ 继续在选项中进行设置，选中"高光"色调，并在下方调整色彩。

❷ 完成设置后，在图像窗口中可看到照片平衡色彩的效果。

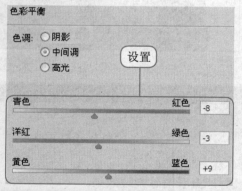

提示：选择色彩平衡"色调"

在"色彩平衡"选项中，通过"色彩"可选择需要调整的照片色彩区域为阴影区域、中间调区域或高光区域，例如选择了"高光"色调后，在照片中添加或减少某种颜色时，就只会对高光区域产生影响。

6.3 消除照片中的瑕疵

关键字
紫边、噪点

难度水平
◆◆◇◇◇◇

视频学习　光盘\第6章\6-3-1消除紫边、6-3-2去除照片中的噪点

　　Photoshop针对数码照片拍摄时出现的瑕疵，提供了快捷方便的解决方法。例如利用"色相/饱和度"命令去除照片的紫边现象，通过"减少杂色"滤镜快速地去除照片中的噪点。

6.3.1 消除紫边

　　数码相机在拍摄过程中由于被摄物体亮度反差较大，在高光与低光部位交界处就会出现色斑，这就被称为紫边现象。在Photoshop中，利用套索工具将有紫边的图像创建在选区内，再通过"色相/饱和度"命令，降低紫边颜色的饱和度，达到消除紫边的效果。下面介绍具体的操作步骤。

步骤1：选择工具。
执行"文件>打开"菜单命令，打开随书光盘\素材\6\8.JPG素材文件，在工具箱中选中"套索工具"。

步骤2：创建选区。
❶ 在工具选项栏中设置"羽化"参数为10px。
❷ 使用套索工具在图像左上方有紫边的图像上单击并按住鼠标拖曳，释放鼠标后即创建选区。

提示：使用套索工具创建选区
　　使用套索工具可在图像中通过拖曳创建出随意的选区效果，使用鼠标单击确定起点后按住鼠标进行拖曳，鼠标经过的地方就会显示路径。释放鼠标后，会自动将结束点与起点重合并显示为选区。

步骤3：设置调整图层选项。
❶ 在"调整"面板中创建一个"色相/饱和度调整图层"。
❷ 在打开的"色相/饱和度"选项中选择"蓝色"，然后降低"饱和度"为-95。

步骤4：查看消除紫边效果。
设置完成后，在图像窗口中可看到选区内的紫边效果已被去除，恢复了树叶原的有色彩。

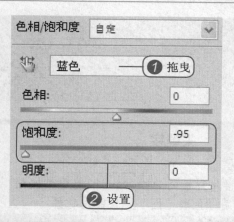

查看去除紫边的效果

6.3.2 去除照片中的噪点

噪点指图像中不该出现的外来像素，通常由电子干扰产生，看起来就像图像被弄脏了，布满一些细小的糙点。通过"减少杂色"滤镜，可以减少照片出现的这此噪点。下面介绍去除照片中的噪点的具体操作步骤。

步骤1：创建图层副本。

① 执行"文件>打开"菜单命令，打开随书光盘\素材\6\9.JPG素材文件。

② 在"图层"面板中，复制一个"背景"图层，得到"背景副本"图层。

步骤2：设置减少杂色滤镜。

① 执行"滤镜>杂色>减少杂色"菜单命令，打开"减少杂色"对话框。

② 在对话框中对各"基本"选项进行参数设置。

创建图层副本

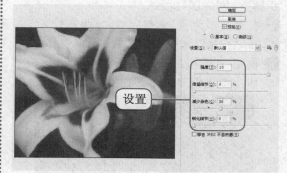

设置

步骤3：确认效果。

确认设置后，关闭对话框，回到图像窗口中，可看到照片中的噪点被去除。

【摄影讲座】通常拍摄花卉都是从上向下俯视的角度进行拍摄，这样可以将花卉的全貌很好地展现出来。当然，为了能拍摄出一些特别的效果，可以尝试趴下去，寻找与众不同的视角拍出与众不同的照片。

查看减少杂色效果

提示：了解减少杂色滤镜

　　利用"减少杂色"滤镜，可对照片中出现的杂色进行修复。在"减少杂色"对话框中，可进行"基本"和"高级"两种设置，在"高级"选项中，可对不同颜色通道中的杂点进行设置，使设置效果更自然。

6.4 处理照片背景

难度水平
◆◆◇◇◇

关键字
填充、模糊、色彩范围、填充类型

视频学习　光盘\第6章\6-4-1清除照片背景的杂物、6-4-2使用"模糊"滤镜将主体突出、6-4-3使用"色彩范围"更换照片背景

　　面对照片中出现的杂乱背景或简单平淡的背景时，就会感觉照片无法很好地表现拍摄对象。利用修补工具可以将照片背景中的杂物完美地去除。通过"模糊"滤镜和图层蒙版的配合，可将背景模糊，使主体更突出。利用"色彩范围"命令可简单快速更换照片单调的背景。

6.4.1 清除照片背景的杂物

　　在拍摄的照片背景中时常会出现一些杂乱的物体，影响了照片的整体效果。通过"修补工具"，可将照片中的杂物以其他像素替换，将杂物清除。下面介绍消除照片背景杂物的具体操作步骤。

步骤1：创建修补选区。

❶ 打开随书光盘\素材\6\10.JPG素材文件，在"图层"面板中，复制"背景"图层。

❷ 使用"修补工具"在图像中间出现的物体上拖曳创建出选区。

步骤2：修补图像。

❶ 在选项栏中选中"源"单选按钮。

❷ 使用修补工具在选区内单击并向左边拖曳，将物体遮盖隐藏。

步骤3：查看修补效果。

释放鼠标后，按下快捷键Ctrl+D，取消选区，可看到太阳伞下的物体被去除。

步骤4：设置前景颜色。

❶ 继续使用修补工具在图像右方的竖立的木头上创建选区，然后进行拖曳修补。

❷ 取消选区后，可看到照片背景中多余的杂物被去除，使画面显得更简洁。

查看修补效果

查看修补效果

补充知识

　　使用"修补工具"能够完成对照片特定区域的隐藏，也可以将特定区域复制到其他位置上。这就需要在选项栏中进行设置，当勾选"源"选项时，就可将选区内的图像进行隐藏；当勾选"目标"选项时，拖曳选区内的图像就可进行复制。

6.4.2　使用"模糊"滤镜将主体突出

　　通过"高斯模糊"滤镜，可将图层或选区内的图像设置成不向程度的模糊效果。利用这一功能，可将照片中的背景进行模糊，将主体清晰地展现出来，达到突出主体的效果。下面介绍使用"高斯模糊"滤镜将主体突出的具体操作步骤。

步骤1： 创建图层副本。

❶ 执行"文件>打开"菜单命令，打开随书光盘\素材\6\11.JPG素材文件。

❷ 在"图层"面板中，复制一个"背景"图层，得到"背景副本"图层。

步骤2： 设置高斯模糊。

❶ 执行"滤镜>模糊>高斯模糊"菜单命令，在打开的"高斯模糊"对话框中，设置"半径"为5像素。

❷ 设置完成后单击"确定"按钮。

创建图层副本

高斯模糊

确定　❷ 单击
取消
☑预览(P)

50%

半径(R)：5　像素　❶ 设置

步骤3： 创建图层蒙版。

❶ 根据上一步的设置，可看到图像被模糊。

❷ 在"图层"面板下方单击"添加图层蒙版"按钮，创建图层蒙版。

步骤4： 编辑图层蒙版。

设置前景色为黑色，使用"画笔工具"在图像中人物上进行涂抹，隐藏人物图像的模糊效果，突出展现主体人物。

89

① 查看图像模糊效果

② 单击

查看编辑蒙版效果

> 你问我答

问：设置模糊后的图像能否恢复清晰？

答：在文档中进行编辑中，如果对模糊效果不满意，可通过快捷键Ctrl+Alt+Z，返回到原来清晰的图像中。

对图像应用了模糊滤镜并保存后，当重新打开图像时就不能再恢复到原来的清晰效果。

6.4.3 使用"色彩范围"更换照片背景

利用"色彩范围"命令，可将图像中的某种颜色区域选中创建为选区。通过"色彩范围"对话框中的吸管工具在图像中单击吸取选择的颜色，就可在对话框中通过预览框查看到选择的范围，选择范围以黑、白、灰显示，白色为选择的区域，灰色为透明区域。下面介绍使用"色彩范围"更换照片背景的具体操作步骤。

步骤1：复制图像。

① 打开随书光盘\素材\6\12.JPG和13.JPG两个素材文件，并以双联排列显示。

② 选择"移动工具"，在人物文档中单击并按住鼠标向风景图像中拖曳，进行两个文档之间的图像复制。

步骤2：选择色彩范围。

① 释放鼠标后，可看到风景文档中复制了人物图像，并生成"图层1"。

② 对"图层1"执行"选择>色彩范围"菜单命令，打开"色彩范围"对话框后，使用吸管工具在人物蓝色背景上单击，在预览框内可看到背景被选中。

单击并拖曳

② 选择色彩范围

① 查看复制图层

步骤3：查看选择范围。

确认"色彩范围"设置后，在图像窗口中可看到人物的背景区域被创建为选区。

查看选区效果

步骤5：查看蒙版效果。

根据上一步骤的设置，在图像窗口中可看到选区外的背景图像被隐藏，显示出图层的风景图像，更换了人物照片的背景。

查看创建蒙版效果

步骤7：查看设置蒙版后效果。

根据上一步骤的设置，在图像窗口中可看到人物与背景合成的效果显得更自然逼真。

【摄影讲座】适当地使用滤光镜，可塑造出与众不同的视觉效果。在日落时分进行拍摄时，选择适当的滤光镜能更好地表现出日落色彩的光影效果，而在人物摄影中，也可通过不一样的背景色调来烘托人物性格。

步骤4：创建图层蒙版。

① 执行"选择>反向"菜单命令，反向选区，将人物选中。

② 单击"图层"面板下方的"添加图层蒙版"按钮，创建图层蒙版，自动将选区外的区域填充为黑色。

② 单击　① 查看反向选区效果

步骤6：设置蒙版选项。

打开"蒙版"面板，将"浓度"设置为70%，"羽化"设置为1px。

设置

91

查看编辑后效果

知识进阶：完美修复残破的旧照片

运用修复工具将旧照片中的污迹、划痕等进行修复，将原本残破的照片恢复到完整的效果，再利用自然饱和度调整图层，提高照片的饱和度，与照片滤镜、减淡工具配合，还原照片的色彩，使照片修复如新。

光盘	第 6 章 \ 完美修复残破的旧照片

❶ 打开随书光盘\素材\6\14.JPG素材文件，在"图层"面板中，复制一个"背景"图层，得到副本图层。

创建图层副本

❸ 单击工具箱中的"修补工具"按钮✐，在选项栏中勾选"源"选项，然后使用该工具在有划痕的图像上拖曳创建修补区域。

修补：⊙源 ○目标

① 单击

② 拖曳

❺ 继续使用修补工具在图像中的划痕和较大的污迹上创建选区然后进行修补，将照片修复到完整的效果。

❷ 选择"污点修复画笔工具"，将画笔调整到适当大小，然后在画面中有污点的地方进行单击，修复污迹。

① 单击

② 查看去除污点效果

❹ 使用"修补工具"在选区内单击并按住鼠标拖曳到左边没有划痕的图像区域内，将划痕隐藏，取消选区后，可看到修补的效果。

查看修补效果

❻ 在"调整"面板中，新建一个"自然饱和度"调整图层，并在打开的"自然饱和度"选项中将自然饱和度设置为+100，将饱和度设置为+50。设置后在图像窗口中可看到图像提高了色彩饱和度。

查看修补效果

2 查看提高饱和度效果

自然饱和度: +100

饱和度: +50

1 设置

⑦ 在"调整"面板中再创建一个"照片滤镜调整图层",在打开的选项中设置"滤镜"为"深蓝","浓度"为50%。设置后可看到图像中的偏旧的黄色调被调整为清新的蓝色。

⑧ 设置前景色为黑色,使用画笔工具在"照片滤镜1"调整图层的蒙版中进行涂抹,隐藏地面与树木的照片滤镜效果,显示下面图层中的黄色调效果。

2 查看照片滤镜效果

1 设置

照片滤镜
滤镜: 深蓝
颜色:
浓度: 50 %

涂抹

⑨ 按下快捷键Shift+Ctrl+Alt+E,盖印图层,生成"图层1"。

⑩ 选择"减淡工具",在选项栏对选项进行设置,然后在图像中的云朵和海水上进行涂抹提亮。

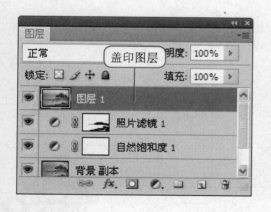

图层

正常 　　　　盖印图层　　明度: 100%

锁定: 　　　　　　　　填充: 100%

图层 1

照片滤镜 1

自然饱和度 1

背景 副本

画笔: 60　范围: 中间调　曝光度: 5%

1 设置

2 涂抹

93

读书笔记

Chapter 7

打造修片大师

——照片处理高级技巧

要点导航

黑白效果
画笔工具上色
彩色照片中部分黑白处理
精确抠图
锐化图像
计算

通过对数码照片高级技巧的学习，可让读者快速掌握Photoshop处理照片时的一些高级技巧和命令，制作出更加理想的照片效果。

通过多种方法可将彩色照片快速转换为黑白效果，产生不一样的视觉感，而对一些已有的黑白照片，也可通过多种方法进行上色，调整成自然的彩色照片。本章还将学习抠取图像的高级技法、高品质的图像锐化技术以及利用一些高级命令对照片进行调整，使读者快速成为修片大师。

7.1 彩色照片转换为黑白照片

关键字
渐变映射、通道混合器、通道分离

难度水平
◆◆◆◇◇

视频学习 光盘\第7章\7-1-1通过"渐变映射"制作黑白照片、7-1-2 使用"通道混合器"产生更好的黑白照片、7-1-3 使LAB明度通道分离

看惯了身边丰富的色彩，有时适当地拍摄一些黑白照片，会发现一些别样的感觉。这里就将学习在 Photoshop 中，通过渐变映射、通道混合器和 Lab 模式下对通道进行分离，将彩色照片转换为黑白照片效果。

7.1.1　通过"渐变映射"制作黑白照片

通道在"渐变映射"对话框中，设置黑色到白色的渐变，应用到图像中就会将彩色照片映射为黑白效果，并且通过"渐变映射"对话框在打开的"渐变编辑器"中调整渐变颜色的位置，可增强照片黑白对比。下面介绍通过"渐变映射"设置黑白照片的具体的操作步骤。

步骤1：创建图层副本。

❶ 执行"文件>打开"菜单命令，打开随书光盘\素材\7\1.JPG素材文件。

❷ 在"图层"面板中，复制一个"背景"图层，得到副本图层。

步骤2：执行菜单命令。

❶ 对复制图层执行"图像>调整>渐变映射"菜单命令。

❷ 在打开的"渐变映射"对话框中的黑白渐变条上单击，打开"渐变编辑器"对话框。

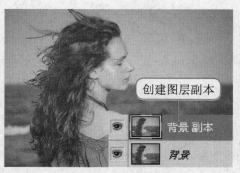

创建图层副本
背景 副本
背景

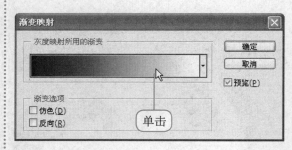

单击

步骤3：设置色标位置。

在打开的"渐变编辑器"对话框中，单击渐变条下右边的白色色标，并按住鼠标向左方拖移，调整到87%位置，然后单击"确定"按钮，回到"渐变映射"对话框中，同样单击"确定"按钮，确认设置。

步骤4：查看设置效果。

根据上一步中设置的"渐变映射"，可看到图像被映射为黑白色效果，并且增强了高光部分的白色效果，使照片人物更加突出。

提示：通过"色标"选项设置渐变

在"渐变编辑器"下方的"色标"选项中，提供了选中的渐变色标的所有信息，并能对不透明度、位置、颜色等进行设置，从而更改渐变效果。

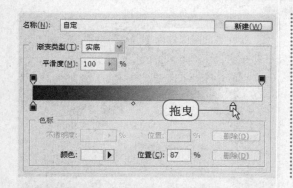

查看黑白图像效果

7.1.2 使用"通道混合器"产生更好的黑白照片

在使用"通道混合器"对图像进行调整时，勾选"单色"选项，就可将图像转换为黑白色效果，然后通过各颜色通道参数的设置，可调整照片的黑白对比，产生更好的黑白效果。下面介绍具体的操作步骤。

步骤1：打开素材照片。

执行"文件>打开"菜单命令，打开随书光盘\素材\7\2.JPG素材文件。

步骤2：设置调整图层。

❶ 在"调整"面板中单击"创建新的通道混合器调整图层"按钮，新建调整图层。

❷ 在打开的"通道混合器"选项中，单击勾选"单色"选项。

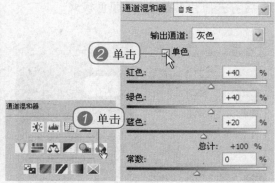

步骤3：设置选项参数。

在面板中对其他选项进行设置，将"红色"设置为+135%，将"绿色"设置为-30%，将"蓝色"设置为+40%，将"常数"设置为-18%。

步骤4：查看设置效果。

根据上一步中的调整图层设置，图像应用后转换为黑白效果。

ℹ️ **补充知识**

在"调整"面板中，显示了15种调整图层的按钮，将鼠标放置到按钮上就会显示该按钮代表的调整图层名称，单击即创建该调整图层。在"图层"面板中可查看到，并在"调整"面板中显示该调整图层的设置选项，用于编辑调整图层效果。

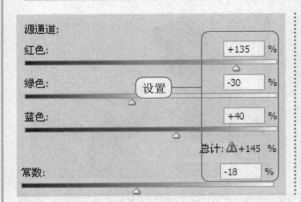

查看黑白图像效果

7.1.3 使LAB明度通道分离

执行"图像>模式"菜单命令,在打开的菜单中,提供了Photoshop可转换的多种颜色模式,单击即可进行各颜色模式之间的转换。在Lab颜色模式下,进行"分离通道",可将通道分离成三个文档,其中的"明度"通道即显示图像的黑白效果。下面介绍利用通道分离将照片创建为黑白效果的具体操作步骤。

步骤1:转换颜色模式。

① 打开随书光盘\素材\7\3.JPG素材文件。

② 执行"图像>模式>Lab颜色"菜单命令,将打开照片转换为Lab颜色模式。

步骤2:继续设置取样并修复。

① 在"通道"面板中,可看到转换模式后的通道效果,然后单击右上角的扩展按钮。

② 在弹出的扩展菜单中单击"分离通道"选项。

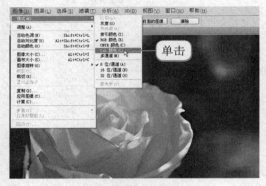

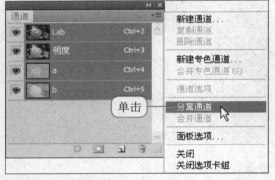

步骤3:查看明度通道图像效果。

根据上一步分离通道的设置,可看到打开的彩色照片被分离为三个文档,查看其中的明度通道文档,可看到黑白的花朵图像。

【摄影讲座】 在自然风光照片的拍摄过程中,黑白效果的照片会受到鲜明的图案、丰富的纹理、有趣的造型和对比强烈的景物影响,产生强有力的黑白视觉效果。

查看分离的灰度图像

为黑白照片上色

关键字
上色、画笔工具、历史记录

视频学习 光盘\第7章\7-2-1通过"画笔工具"为照片上色、7-2-2使用"历史记录"上色

使用画笔工具可在图像涂抹以添加颜色，快速方便地为黑白照片添加上颜色，也可通过"历史记录"面板与"历史记录"画笔的配合使用，为照片上色，使黑白照片添加上自然的彩色效果。

7.2.1 通过"画笔工具"为照片上色

"画笔工具"可以在图像上运用当前的前景色，根据不同的笔触进行图像创作。这里就将使用"画笔工具"在图像中不同区域涂抹上不同的颜色，结合图层的设置，为黑白照片上色。具体的运用步骤如下。

步骤1：创建新图层。

① 打开随书光盘\素材\7\4.JPG素材文件。

② 在"图层"面板中新建一个"图层1"，并设置其"图层混合模式"为"颜色"。

步骤3：设置前景色。

更改前景色为红色R218、G113、B90，在嘴唇上进行涂抹，添加嘴唇颜色。

步骤2：绘制图像。

① 设置前景色为浅橙色R242、G192、B161。

② 使用"画笔工具"在图像中女孩的皮肤上进行涂抹，添加上颜色。

步骤4：新建图层。

① 在"图层"面板中新建"图层2"，同样设置"图层混合模式"为"颜色"。

② 设置前景色为黄色R252、G240、B214，然后在衣服上进行涂抹上色。

步骤5：继续涂抹上色。

用同样的方法现新建图层，然后设置适当的颜色，为图像背景涂抹上色。

步骤6：盖印图层。

❶ 按下快捷键Shift+Ctrl+Alt+T，盖印图层，生成"图层4"，设置"图层混合模式"为"叠加"。

❷ 设置后可看到图像增强了色彩对比。

查看给背景上色效果

❷ 查看图层混合效果

❶ 设置

叠加

锁定：☒ ✐ ✛ 🔒

图层 4

图层 3

7.2.2 使用"历史记录"上色

在"历史记录"面板中，对编辑后的图像可创建快照进行临时的储存效果，然后利用历史记录画笔工具能将编辑后的图像回到之前的编辑效果这一特性，将不同快照上的图像结合，自然地为黑白照片添加色彩。下面介绍具体的操作步骤。

步骤1：创建副本图层。

❶ 打开随书光盘\素材\7\5.JPG素材文件。

❷ 在"图层"面板中，复制一个"背景"图层，生成"背景副本"图层。

步骤2：设置色彩平衡。

❶ 对复制图层执行"图像>调整>色彩平衡"菜单命令，在打开的"色彩平衡"对话框中，单击"高光"。

❷ 对高光区域进行色彩平衡设置，然后单击"确定"按钮。

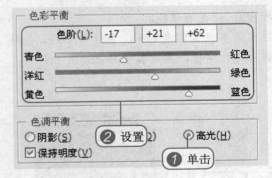

创建图层副本

背景 副本

背景

色彩平衡

色阶(L)： -17   +21   +62

青色 ——————△—————— 红色

洋红 ————————△———— 绿色

黄色 ——————————△—— 蓝色

色调平衡

○阴影(S)   ❷ 设置(2)   ◉高光(H)

☑ 保持明度(V)   ❶ 单击

步骤3：查看设置效果。

根据上一步中设置的"色彩平衡"，可看到图像被调整为蓝色调。

步骤4：创建快照。

在"历史记录"面板中，单击"创建新快照"按钮 🖾 ，新建"快照1"。

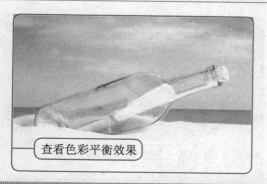

查看色彩平衡效果

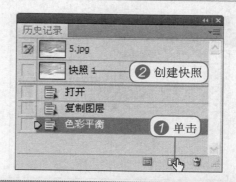

② 创建快照

① 单击

▶ **你问我答**

问：什么是快照？

答：在"历史记录"面板中，快照是一个非常有用的功能，可以创建图像任何状态的临时副本。通过快照功能可以记录后退的操作步骤，即使删除所有的操作步骤，快照依然存在。如果在创作过程中要记录有必要的图片处理步骤，可以应用快照功能将它保存下来。

打开一幅图像后，会将原图像默认为一张快照，并以图像名称命名，新建的快照就以快照1、快照2的顺序依次命名。

步骤5：设置色彩平衡。

① 按下快捷键Ctrl+Z，返回到上一步中。

② 执行"图像>调整>色彩平衡"菜单命令。

③ 在打开的对话框中进行色彩平衡设置，确认设置后可看到图像被设置为黄色调。

步骤6：创建快照。

在"历史记录"面板中，再次单击"创建新快照"按钮 ，将当前图像效果新建为"快照2"。

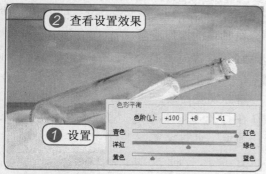

② 查看设置效果

① 设置

步骤7：选择快照。

① 在"历史记录"面板中，将历史记录画笔图标 放置到"快照1"上。

② 选中"快照2"，以蓝色条显示。

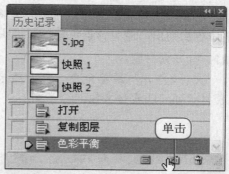

单击

步骤8：创建快照。

使用"历史记录画笔工具"在图像中天空部分进行涂抹，即显示"快照1"中的蓝色效果，图像被添加上清新的色彩。

▶ **补充知识**

创建的快照只是一个临时副本，创建后不与图像一起存储，在关闭文档时将自动删除其快照。

101

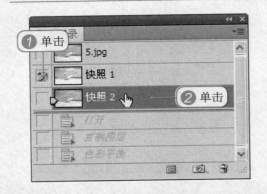

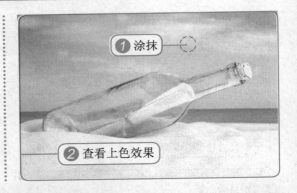

7.3	彩色照片与黑白照片的平衡处理	关键字 部分黑白效果、黑白调整图层、淡彩、色调分离

难度水平

◆◆◆◇◇

视频学习　光盘\第7章\7-3-1彩色照片中的部分黑白处理、7-3-2制作高饱和度的黑白照片、7-3-3为黑白照片添加色调分离特效

在照片的色彩处理中，彩色照片与黑白照片有着同样精彩的效果，能够将彩色与黑白达到一种平衡就会展示出另一种别样风格。这里学习利用调整图层蒙版将彩色照片部分图像黑白化或为黑白照片添加色调分离特效等。

7.3.1 彩色照片中的部分黑白处理

通过"通道混合器"调整图层，可将彩色照片快速地转换为黑白效果，利用调整图层中的图层蒙版，可将照片中的部分彩色图像显示出来，制作成背景为黑白效果的照片，使得主体更加突出，避免背景色彩抢了风头。下面介绍具体的操作步骤。

步骤1：打开素材照片。

执行"文件>打开"菜单命令，打开随书光盘\素材\7\6.JPG素材文件。

步骤2：设置通道混合器。

❶ 在"调整"面板中创建一个"通道混合器"调整图层。

❷ 在打开选项中勾选"单色"，并对"源通道"进行设置。

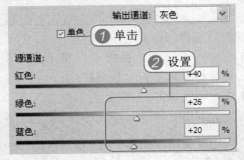

步骤3：查看调整图层效果。

①根据上一步中的通道混合器的设置，可看到图像被设置为黑白效果。

②在"图层"面板中选中调整图层后的图层蒙版。

查看黑白图像效果

步骤4：编辑图层蒙版。

设置前景色为黑色，使用"画笔工具"在图层蒙版中进行涂抹，隐藏小孩的黑白效果，只保留背景的黑白效果。

①涂抹

②查看编辑蒙版效果

7.3.2° 制作高饱和度的黑白照片

利用"黑白"命令，可将彩色图像设置为黑白效果，并能通过选项设置原图像中各种色彩的黑白效果的饱和度，使设置的黑白效果更浓郁。下面就介绍利用黑白调整图层将照片制作成高饱和度的黑白照片的具体操作步骤。

步骤1：打开素材照片。

执行"文件>打开"菜单命令，打开随书光盘\素材\7\7.JPG素材文件。

步骤2：设置黑白调整图层。

①在"调整"面板中单击"创建新的黑白调整图层"按钮，新建调整图层。

②在打开的"黑白"选项中，设置各种颜色的参数。

黑白	自定	∨
🖐	□色调	自动
红色：		205
黄色：		168
绿色：	设置	-112
青色：		105
蓝色：		-102

步骤3：设置选区拖曳渐变。

①根据前面设置的调整图层，可看到图像被设置为黑白效果。

②按下快捷键Shift+Ctrl+Alt+E，盖印图层，生成"图层1"。

步骤4：设置图层混合模式。

设置"图层1"的"图层混合模式"为"叠加"，图层混合后，图像中的黑白效果被提高了饱和度，显得更饱和。

① 查看黑白图像效果
② 盖印图层
图层 1
黑白 1
背景

查看叠加混合模式效果

提示：通过黑白命令设置单色调图像

在"黑白"调整选项中，单击"色调"选项，可将照片设置为单色调的图像效果，并通过单击颜色框，打开颜色拾取器，能够设置任意需要的颜色，然后将该颜色应用到照片中，产生单色调的图像。

7.3.3 为黑白照片添加色调分离特效

"色调分离"可在每个通道定制色调与亮度值的数目并将这些像素映射为最接近的匹配色调。在打开的"色调分离"对话框中，设置的"色阶"选项参数值越大，表现出来的形态与原图像越相似，数值越小，画面就会变得越简单粗糙。下面介绍具体的使用。

步骤1： 打开素材照片。

执行"文件>打开"菜单命令，打开随书光盘\素材\7\8.JPG素材文件。

步骤2： 设置色调分离。

① 执行"图像>调整>色调分离"菜单命令，在打开的"色调分离"对话框中设置"色阶"为10，然后单击"确定"按钮。

② 图像应用设置后，出现了明显的色块。

② 查看色调分离效果
色调分离
色阶(L): 10   ① 设置   确定
取消
☑ 预览(P)

步骤3： 设置图层。

① 在"图层"面板中复制一个"背景"图层，生成"背景副本"图层。

② 设置复制图层的"图层混合模式"为"强光"。

步骤4： 查看图层混合效果。

根据上一步的设置，可看到图像的分离色块效果变得更明显。

104

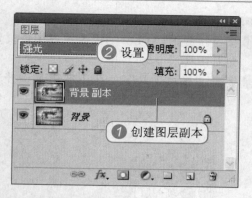

查看图层混合后效果

7.4 抠图技巧

难度水平
◆◆◆◇◇

视频学习

光盘\第7章\7-4-1使用"钢笔工具"精确抠图、7-4-2使用"通道"抠出人物发丝

关键字
抠图、钢笔工具、通道

　　抠图是 Photoshop 的主要功能之一，在进行合成和背景处理时，抠取图像是必要的操作。这里就将介绍如何使用钢笔工具进行精确的抠取图像，并利用"通道"准确地抠取人物发丝。

7.4.1 使用"钢笔工具"精确抠图

　　利用"钢笔工具"，可在图像上通过连续的单击创建路径，当起点与终点重合时，即创建出一条闭合路径，然后将路径载入为选区，就可精确地抠取图像。下面介绍使用钢笔工具精确抠图的具体操作步骤。

步骤1：选择工具。

❶ 打开随书光盘\素材\7\9.JPG素材文件，在工具箱中选择"钢笔工具"。

❷ 使用钢笔工具在打开的图像中沿图像边缘单击创建路径。

步骤2：绘制路径。

继续使用钢笔工具沿图像边缘单击创建路径，当与起点重合时，闭合路径，可看到路径效果。

单击

查看绘制的路径效果

105

新手易学

步骤3：将路径载入为选区。

按下快捷键Ctrl+Enter，将路径载入为选区，可看到图形被创建在选区中。

步骤4：查看花蕊中心的效果。

① 按下快捷键Ctrl+J，将选区内图像复制到新图层"图层1"中。

② 选择"移动工具"，在图像中单击并拖曳，可看到抠取的图像被移动位置。

路径载入为选区

① 新图层

图层 L

背景

② 拖曳

7.4.2 使用"通道"抠出人物发丝

　　"通道"的一大功能是用于存储选区，利用这一功能，可通过通道的编辑来为图像部分区域创建选区，进行细致的抠图。主要方法是在复制的颜色通道中，将需要抠取的图像部分使用画笔工具等设置成白色，将不需要的部分设置为黑色，然后载入通道选区即可。下面介绍具体的操作步骤。

步骤1：选择并设置减淡工具。

① 打开随书光盘\素材\7\10.JPG素材文件。

② 在"图层"面板中，按住Alt键双击"背景"图层，解锁图层，并自动更改图层名称为"图层0"。

步骤2：复制颜色通道。

① 在"通道"面板中单击各颜色通道，通过对比可看到蓝通道中图像背景与人物对比较大。

② 将蓝通道拖曳到下方的"创建新通道"按钮上，复制该通道，得到"蓝副本"通道。

按住Alt键双击

图层 0

① 查看选择通道效果

RGB	Ctrl+2
红	Ctrl+3
绿	Ctrl+4
蓝	Ctrl+5
蓝副本	Ctrl+

② 创建通道副本

步骤3：使用加深工具进行涂抹。

① 执行"图像>调整>色阶"菜单命令，在打开的"色阶"对话框中设置选项参数。

② 确认设置后，可看到图像加强了对比。

步骤4：使用画笔绘制通道。

选择"画笔工具"，在图像中人物背景上进行涂抹，将背景绘制为黑色，更改前景色为白色，然后在头发上进行涂抹。

步骤5：使用加深工具进行涂抹。

❶ 单击"通道"面板下方的"将通道作为选区载入"按钮 ◌ ，返回到原图像中，可看到人物头发区域被创建为选区。

❷ 按下快捷键Ctrl+J，复制选区内图像生成"图层1"。

步骤6：创建选区。

❶ 使用钢笔工具在人物图像上绘制路径，并载入为选区，将人物身体部分创建为选区。

❷ 在"图层"面板中选择"图层0"，然后按下快捷键Ctrl+J，将选区内图像复制生成"图层2"。

107

步骤7：合并图层。

❶ 同时选中"图层1"和"图层2"，按下快捷键Ctrl+E，合并图层。

❷ 单击"图层0"前的显示图层可视性按钮，隐藏图层。

步骤8：查看抠取图像效果。

根据上一步骤的调整，在图像窗口中可查看到抠取的人物图像效果，飘动的发丝也被抠取出来。

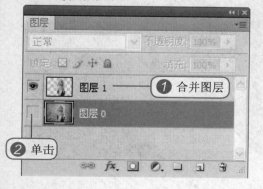

7.5 高品质的锐化技术

关键字
USM锐化、高反差保留

难度水平
◆◆◆◇◇

视频学习 光盘\第7章\7-5-1 USM锐化、7-5-2使用"高反差保留"锐化

　　对于模糊的照片，Photoshop 提供了多种锐化滤镜以及锐化工具等，帮助用户对图像进行清晰化效果的处理。当需要达到高品质的锐化效果时，就可通过"USM 锐化"和"高反差保留"滤镜来进行设置。

7.5.1 USM锐化

　　利用"USM 锐化"滤镜，可通过调节图像的对比度，使画面更清晰。在"USM 锐化"对话框中通过数量、半径和阈值的设置来达到更好的锐化效果。下面介绍使用"USM 锐化"滤镜锐化图像的具体操作步骤。

步骤1：打开素材并创建副本。
打开随书光盘\素材\7\11.JPG素材文件，在"图层"面板中，为"背景"图层创建一个副本，为"背景副本"图层。

步骤2：设置USM锐化。
❶ 执行"滤镜>锐化>USM锐化"菜单命令，打开"USM锐化"对话框。
❷ 在对话框中对各选项参数进行设置，然后单击"确定"按钮。

108

创建图层副本

❷ 单击

❶ 设置

步骤3：查看图像锐化效果。
根据上一步骤中"USM锐化"的设置，可看到图像效果由模糊变得清晰，提高了照片质量。

【摄影讲座】在拍摄人物时，需要避免在正午强烈的阳光下进行拍摄，因为此时拍摄的照片人物的眼睛和鼻子下会产生浓重的阴影，不能很好地表现人物形象。

查看锐化效果

7.5.2 使用"高反差保留"锐化

"高反差保留"滤镜可在有强烈颜色转变发生的地方按指定的半径保留边缘细节，利用这一功能，可以将模糊的照片的明显边缘细节调出，然后结合图层之间的设置，将模糊照片清晰化，达到锐化效果。下面介绍具体的操作步骤。

步骤1： 打开素材并创建图层副本。

执行"文件>打开"菜单命令，打开随书光盘\素材\7\12.JPG素材文件，在"图层"面板中复制"背景"图层，生成"背景副本"图层。

创建图层副本

背景 副本

背景

步骤2： 设置高反差保留滤镜。

❶ 执行"滤镜>其他>高反差保留"菜单命令。在打开的"高反差保留"对话框中将"半径"设置为1像素。

❷ 单击"确定"按钮。

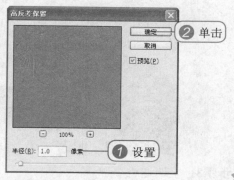

高反差保留

确定

❷ 单击

取消

☑预览(P)

100%

半径(R)：1.0 像素 ❶ 设置

步骤3： 设置图层混合模式。

❶ 设置副本图层的"图层混合模式"为"线性光"。

❷ 图层混合后，可看到小猫毛发变得清晰。

❷ 查看图层混合效果

❶ 设置

线性光

锁定：☒ ✒ ✛ 🔒

背景 副本

背景

步骤4： 复制图层。

为了使图像更清晰，可在"图层"面板中复制一个"背景副本"图层，生成"背景副本2"图层，加强清晰效果。

❷ 查看图层混合效果

❶ 复制

背景 副本 2

背景 副本

背景

109

7.6 高级技术及技巧

关键字
计算、通道、应用图像

视频学习 光盘\第7章\7-6-1 "计算"命令、7-6-2 "应用图像"命令

难度水平
◆◆◆◆◇

当需要设置一些特殊的图像效果时，通过一些高级的技术及技巧可更快捷地达到需要的效果。这里就将学习到利用"计算"和"应用图像"命令对图像的通道进行混合从而调整照片效果。

新手易学

7.6.1 "计算"命令

"计算"命令是通过对单个通道之间的混合，得到一个新的文档、通道或选区，可在同一个文档中对不同颜色通道进行混合，也可在相同大小的两个文档中进行混合。下面介绍通过"计算"命令的具体使用方法。

步骤1：打开素材并创建副本。

打开随书光盘\素材\7\13.JPG素材文件，在"图层"面板中，为"背景"图层创建一个副本，为"背景副本"图层。

步骤2：设置计算。

❶ 执行"图像>计算"菜单命令，打开"计算"对话框。

❷ 在对话框中对各选项进行设置。

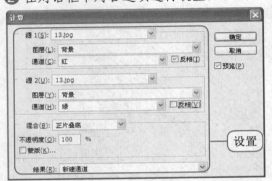

步骤3：全选通道。

❶ 确认"计算"设置后，在图像中即显示计算得到的新通道效果，在"通道"面板中可查看到得到的Alpha 1通道。

❷ 按下快捷键Ctrl+A，全选通道图像，并按下快捷键Ctrl+C，复制图像。

步骤4：设置图层。

❶ 回到原图像中，按下快捷键Ctrl+V，粘贴上一步骤中复制的通道图像，并自动生成"图层1"。

❷ 设置"图层1"图层混合模式为"柔光"，设置后可看到图像效果被增强。

▶ **补充知识**

在"计算"对话框中，在"结果"下拉列表中可选择计算得到的不同结果，有新建通道、新建文档和选区三个结果。选择新建通道，就会将计算的结果新建为一个Alpha通道；选择新建文档，就可将计算的结果新建到一个文档中；选择选区，就可将混合后的图像中白色区域创建为选区。

7.6.2　"应用图像"命令

　　海绵工具可精确地更改区域图像中的色彩饱和度，可以分别对图像的饱和度进行增加或降低的设置。当图像处于灰度模式时，该工具通过使灰阶远离或靠近中间灰色来增加或降低对比度。下面具体介绍使用海绵工具进行饱和度降低的操作步骤。

步骤1： 打开素材并创建副本。

打开随书光盘\素材\7\14.JPG素材文件，在"图层"面板中，为"背景"图层创建一个副本，为"背景副本"图层。

步骤2： 设置应用图像命令。

❶ 执行"图像>应用图像"菜单命令。

❷ 在打开的"应用图像"对话框中设置"通道"为"绿"，"混合"为"变亮"，"不透明度"为80%，然后单击"确定"按钮。

创建图层副本

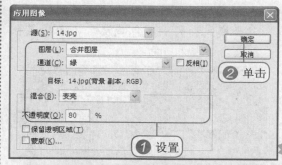

步骤3： 查看整体图像效果。

根据上一步骤中的设置，在图像窗口中可看到原图像中的绿色被混合，照片中人物色调变成粉色。

【摄影讲座】选择明亮或白色的背景，主体人物或其他物体也多为明亮的白色，从而可使主体的亮部融入背景中，更能体现一种洁白的、神圣的感觉，画面的亮调会让人感觉到阴光带来的温暖感。

查看应用图像效果

111

知识进阶：淡彩的照片效果制作

　　通过对不同副本图层设置不同的命令、滤镜以及图层混合模式等，将照片设置为淡彩的效果，以一抹淡淡的色彩清晰地展现照片中建筑物的外形，如同画中的完美效果。

光盘	第7章 \ 淡彩的照片效果制作

❶ 打开随书光盘\素材\7\15.JPG素材文件，在"图层"面板中，复制一个"背景"图层，生成"背景副本"图层。

❷ 执行"图像>调整>去色"菜单命令，将图像颜色去除，然后再复制一个去色后的"背景副本"图层，得到"背景副本2"图层。

创建图层副本

背景 副本

背景

① 查看去色效果

② 复制

背景 副本 2

背景 副本

背景

❸ 执行"图像>调整>反相"菜单命令，将上一步骤中复制的图层图像反相，然后在"图层"面板中更改该图层的"图层混合模式"为"颜色减淡"，图层混合后整个画面为白色。

❹ 执行"滤镜>其他>最小值"菜单命令，在打开的"最小值"对话框中，设置"半径"为1像素，然后单击"确定"按钮。

① 查看反相效果

② 设置

颜色减淡

锁定： ☒ ✦ ✛ 🔒

背景 副本 2

背景 副本

背景

最小值

确定

取消

☑预览(P)

33%

半径(R)： 1 像素

设置

❺ 根据上一步骤中"最小值"滤镜的设置，在图像窗口中可看到图像被设置为以线条显示的效果，然后在"图层"面板中双击该图层，打开"图层样式"对话框。

❻ 在"图层样式"对话框中，按住Alt键的同时，使用鼠标将"混合颜色带"选项的"下一图层"下方的黑色小三角向右拖曳到184的位置，单击"确定"按钮后，回到图像窗口中，可看到图像加深了阴影部分的暗调表现。

查看最小化滤镜效果

② 查看设置后效果

混合颜色带(E)： 灰色

本图层： 0   255

下一图层： 0 / 184   255

① 拖曳

❼ 在"图层"面板中同时选中两个副本图层，然后单击鼠标右键，在打开菜单中单击"合并图层"选项，两个图层被合并在一起，系统自动命名为"背景副本"图层。

❾ 设置"背景副本2"图层的"图层混合模式"为"柔光"，设置后，可看到图像效果变得柔和。

⓫ 设置"背景副本3"图层的"图层混合模式"为"点光"，设置后在图像窗口中可看到黑白图像上添加了淡淡的彩色，给人一种清新、淡雅、童话般的画面。

❽ 复制一个合并图层，得到"背景副本2"图层，对其执行"滤镜>模糊>高斯模糊"菜单命令，在打开的"高斯模糊"对话框中设置"半径"为8像素，然后确认设置。

❿ 单击"背景"图层，拖曳到"创建新图层"按钮上，进行复制，得到"背景副本3"图层，然后按下快捷键Shift+Ctrl+]，将复制图层置于顶层。

113

读书笔记

Chapter 8

为照片创造个性

——添加文字及图形

要点导航

在照片中添加文字
流动的文字效果
变形文字
图层样式
文字内镶入图像
添加图形

在 Photoshop 中，可通过在照片中添加文字和图形，丰富照片内容，增强表现力，使照片更具个性。

通过文字工具可在照片中添加需要表达的文字，结合"字符"、"段落"面板可对文字进行各种自由的设置，增强文字的效果。另外，结合路径、图形、图层样式等，可为照片创建路径文字、变形文字，添加时尚花纹以及图形，制作出具有独具个性的照片。

8.1 在照片中添加艺术文字

难度水平
◆◆◆◇◇

视频学习 光盘\第8章\8-1-1在照片中添加文字、8-1-2使用"字符"面板、8-1-3使用"段落"面板

　　通过文字工具，可在照片中根据需要添加上任意的文字，并可通过文字工具选项栏、"字符"面板对输入的文字设置字体、字体大小、颜色等属性，对段落文字，可通过"段落"面板调整文字的行距、字距等。

8.1.1　在照片中添加文字

　　"横排文字工具"是最常用的文字工具，在工具箱中选择该工具后，在打开的照片中单击确定输入位置，然后输入需要的文字即可。在工具选项栏中可对文字的字体、字体大小等进行设置，并以前景色为文字颜色。下面介绍具体的操作步骤。

步骤1：选择工具。

执行"文件>打开"菜单命令，打开随书光盘\素材\8\1.JPG素材文件，在工具箱中单击"横排文字工具"按钮 T，将"横排文字工具"选中。

步骤2：设置文字属性大小。

① 设置前景色为紫色R223、G174、B241。

② 在横向排文字工具选项栏中单击设置字体下拉按钮，在打开的列表中选择字体，并设置字体大小为60点。

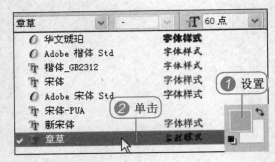

步骤3：单击确定文字起点。

使用"横排文字工具"在图像右下方的纯色背景上单击，确定文字起点位置，出现输入光标。

步骤4：输入文字。

通过键盘的操作输入自己喜欢的文字，可看到输入的文字以设置的属性显示，并在"图层"面板中自动创建了一个文字图层。

提示：更改输入文字的属性

　　在使用文字工具输入文字后，如果需要更改文字颜色、字体等属性，必须使用文字工具在输入的文字上单击并拖曳。选中文字，然后通过选项栏中的选项设置，达到更改文字的目的。也可通过在"图层"面板中双击文字图层前的"图层缩览图"，选中该文字图层中的所有文字。

单击

② 查看文字图层

① 输入文字

8.1.2 使用"字符"面板

通过"字符"面板，可对输入的文字进行全面的设置，包括字体、字体大小、设置行距、垂直缩放、水平缩放、颜色等。可在输入文字前通过"字符"面板对文字进行设置，也可在输入文字后，选中文字图层，这就可通过面板中选项的设置更改文字。下面介绍"字符"面板的具体操作步骤。

步骤1：打开素材输入文字。

① 打开随书光盘\素材\8\2.JPG素材文件。

② 选择"横排文字工具"，在图像中单击输入两行文字，文字以前面设置的属性显示，然后选择"移动工具"退出文字输入模式。

步骤2：设置文本颜色。

① 单击文字工具选项栏后面的"切换字符和段落面板"按钮 ，打开"字符"面板。

② 在打开的"字符"面板中，可看到当前文字图层的所有属性，单击"颜色"选项后的颜色框，在打开的拾取器中设置绿色R109、G125、B83。

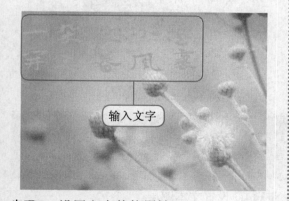

输入文字

① 单击

② 输入

步骤3：设置文本其他属性。

确认颜色设置后，回到"字符"面板中，更改"字体"为黑体，"字体大小"为30点，"行距"为60点，"垂直缩放"为120%，"水平缩放"为170%。

步骤4：查看文字效果。

根据上一步中在"字符"面板中的设置，可看到输入的文字被重新更改为其他效果。

查看设置后文字效果

8.1.3 使用"段落"面板

"段落"面板主要对输入的段落文本进行设置，可调整段落的对齐方式、左缩进、右缩进、首行缩进、避头尾法则设置、间距组合设置等。这里介绍通过文字工具创建段落文本，然后通过"段落"面板对文本进行完善。下面介绍具体的操作步骤。

步骤1： 创建文本框。

❶ 打开随书光盘\素材\8\3.JPG素材文件，在工具箱中选中"横排文字工具"。

❷ 使用"横排文字工具"在图像中单击并按住鼠标拖曳，即可创建一个文本框。

步骤2： 输入文本。

❶ 设置前景色为黑色，在文字工具选项栏中设置文本属性。

❷ 在文本框内输入文字。

创建文本框

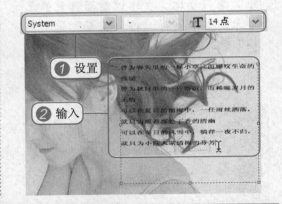

❶ 设置

❷ 输入

提示： 文字的换行与空格

在使用文字工具输入文字时，如果按下 Enter 键，即可换行；按下空格键，可在文字之间键入空格效果。

步骤3： 设置段落属性。

在"段落"面板中选择"居中对齐文本" ，然后设置"段前添加空格"为10点。

步骤4： 设置文本图层。

❶ 在"图层"面板中设置文字图层的"图层混合模式"为"亮光"。

❷ 使用"移动工具"将段落文本拖曳到图像右上角位置，可看到文本设置后的效果。

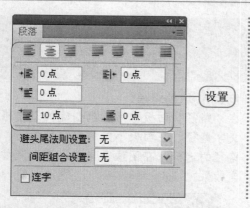

设置

查看设置后文字效果

8.2 添加变形及特色文字

难度水平
◆◆◇◇◇

关键字
路径文字、变形文字、图层样式

视频学习 光盘\第8章\8-2-1创建流动的文字效果、8-2-2创建变形文字效果、8-2-3通过"图层样式"制作立体感的文字、8-2-4在文字内镶入图像

为了使文字效果更具特色，可利用钢笔工具和文字工具创建流动的路径文字，利用"变形文字"可更改文字的形态，通过"图层样式"可为文字添加上多种样式，增强文字的效果。

119

8.2.1 创建流动的文字效果

利用"钢笔工具"创建路径后，使用文字工具在路径上单击，可沿着路径自动输入并排列文字，产生沿路径流动的文字效果。下面介绍使用钢笔工具和文字工具创建流动文字效果的具体操作步骤。

步骤1：创建路径。

① 打开随书光盘\素材\8\4.JPG素材文件。

② 在工具箱中选择"钢笔工具"，并在打开图像中绘制一条弯曲的开放路径。

步骤2：设置字符。

① 使用"吸管工具"在图像中单击吸取人物衣服上的红色为前景色。

② 打开"字符"面板，设置设置字体、字体大小等文字属性。

绘制路径

设置

▶ 补充知识

　　文本颜色可通过三种方式进行设置，一是直接更改前景色，二是在文字工具选项栏中进行设置，三是在"字符"面板中进行设置。

步骤3：输入路径文字。

使用"横排文字工具"在路径上单击，然后输入需要的文字，文字即在路径上进行排列。

步骤4：取消路径。

在"路径"面板中可看到创建的工作路径和文字路径，在面板下方的空白处单击，取消路径的选择，在图像窗口中可看到流动的文字效果。

8.2.2 创建变形文字效果

　　对输入的文字应用"文字变形"功能，可以对称和非对称的形式对文字加以变形、扭曲。通过"变形文字"对话框可设置出多种不同样式的变形效果。下面介绍创建变形文字效果的具体操作步骤。

步骤1：打开素材并设置字符。

❶ 打开随书光盘\素材\8\5.JPG素材文件。

❷ 在工具箱中选择"横排文字工具"，然后在"字符"面板中设置文字属性，将文本颜色设置为绿色R133、G248、B114。

步骤2：绘制闭合的线条效果。

❶ 设置字符后，使用横排文字工具在打开图像中单击输入英文。

❷ 选择"移动工具"，将输入的文字调整到画面中圆形图像上方。

步骤3： 设置文字变形。

❶ 选中"横排文字工具"，在其选项栏中单击"创建文字变形"按钮 ，打开"变形文字"对话框。

❷ 在对话框中对选项进行设置。

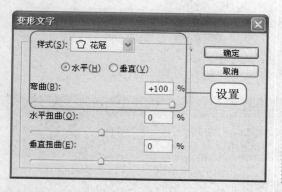

步骤4： 查看变形文字效果。

根据上一步中"变形文字"的设置，可看到文字被变形为花冠形态，增强了文字处的表现效果。

查看变形文字效果

8.2.3 通过"图层样式"制作立体感的文字

通过"图层样式"可在输入的文字上添加投影、发光、描边等样式效果，增强文字的表现效果。在"图层"面中双击文字图层，就可打开"图层样式"对话框，通过对话框可设置 10 种不同的样式效果。下面具体介绍设置图层样式制作立体感文字的操作步骤。

步骤1： 打开素材照片。

执行"文件>打开"菜单命令，打开随书光盘\素材\8\6.JPG素材文件。

步骤2： 输入文字。

设置前景色为粉红色R251、G154、B187，选择"横排文字工具"，在选项栏中设置文字属性，然后在图像中输入英文。

❶ 设置

❷ 输入

步骤3： 设置样式。

❶ 双击文字图层，打开"图层样式"对话框，选中"投影"样式。

❷ 在打开的"投影"选项中进行设置。

❸ 勾选"斜面和浮雕"样式。

步骤4： 查看文字效果。

根据上一步骤中的设置，在图像窗口中可看到文字添加了样式，制作成了具有立体感的效果。

121

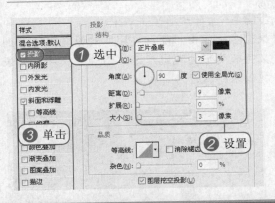 

查看设置图层
样式文字效果

提示：通过"图层"面板创建样式

　　在设置"图层样式"时，在"图层"面板中单击"添加图层样式"按钮，打开样式菜单，选择样式选项后，即可打开相应的图层样式选项。

8.2.4 　在文字内镶入图像

　　通过文字工具创建文字后，在"图层"面板中通过在文字图层与图像图层之间创建剪贴蒙版，可将图像应用到文字中，制作出有图案的文字效果。下面介绍在文字内镶入图像的具体操作步骤。

步骤1：设置字符。
① 打开随书光盘\素材\8\7.JPG素材文件。
② 选择"横排文字工具"，并在"字符"
　　面板中设置文字属性。

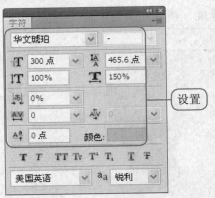

步骤3：复制图层。
① 在"图层"面板中，复制一个"背景"
　　图层，生成"背景副本"图层。
② 按下快捷键Ctrl+]，将"背景副本"图
　　层移动到文字图层上方。

步骤2：输入文字。
使用"横排文字工具"在图像下方单击，然后输入"光影"两字。

步骤4：缩小图像。
按下快捷键Ctrl+T，使用变换编辑框，对复制图像进行缩小变换，并按下Enter键确认变换。

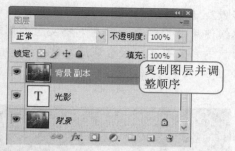

步骤5：创建剪贴蒙版。

在"图层"面板中，按住Alt键将鼠标放置到"背景副本"与文字图层之间，光标变为 ，单击即可将两个图层创建为剪贴蒙版面。

步骤6：查看剪贴蒙版效果。

根据上一步骤中创建的剪贴蒙版，可看到图像被镶入到文字中。

123

▶ 补充知识

"剪贴蒙版"是由多个图层组成的，最下面的一个图层叫做基底图层，简称基层，位于其上的图层叫做顶层。基层只能有一个，顶层可以有若干个，创建有剪贴蒙版即以基层形态显示。

8.3 为数码照片添加图形

难度水平
◆◆◆◇◇

关键字
路径、渐变工具、自定义形状

视频学习 光盘\第8章\8-3-1绘制时尚花纹、8-3-2在照片中添加自定义图形

通过钢笔工具可在图像中绘制任意的图形，也可通过形状工具在图像中添加规则的图形和自定义图形，并结合颜色的设置，使得在照片中添加的图形与图像完美地结合。

8.3.1 绘制时尚花纹

利用钢笔工具，可以绘制出任意图形的路径，并通过对路径的编辑，制作出图形效果。这里就将通过钢笔工具在人物照片中绘制路径，然后将路径载入为选区，并利用"渐变工具"为选区填充上渐变颜色，制作出时尚花纹效果。下面介绍具体的操作步骤。

步骤1：绘制路径。

❶ 执行"文件>打开"菜单命令，打开随书光盘\素材\8\8.JPG素材文件。

❷ 选择"钢笔工具"，然后在图像中人物额头上绘制路径。

步骤2：继续绘制路径。

继续使用"钢笔工具"在人物头上绘制飘带形状的多条路径，组合成随意的图形。

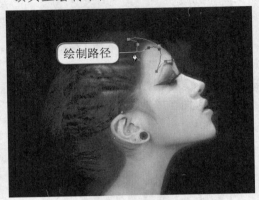

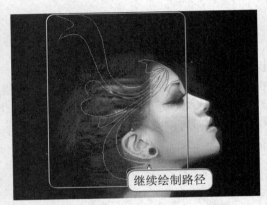

步骤3：将路径载入为选区。

❶ 按下快捷键Ctrl+Enter，将绘制的路径载入为选区。

❷ 在"图层"面板中单击"创建新图层"按钮，新建"图层1"。

步骤4：填充渐变颜色。

❶ 选择"渐变工具"，并在选项栏中设置黑白渐变。

❷ 使用"渐变工具"在选区上拖曳，应用渐变颜色。

124

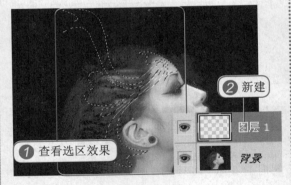

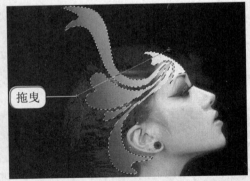

步骤5：查看填充渐变效果。

在选区内填充渐变颜色后，按下快捷键Ctrl+D，取消选区，可看到在人物照片中添加了简单又时尚的花纹。

【摄影讲座】在对人物、动物及一些雕塑等拍摄时需要注意避免复制的背景给画面造成的不良效果，可通过调整拍摄角度、调整光圈等方法简化背景，使主体更突出。

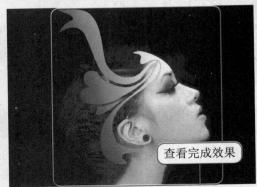

▶ 你问我答

问：怎样理解路径？

答：路径又称为"贝塞尔曲线"，是由一个或多个直线段或曲线段组成，在线段的起始点和结束点由锚点标记，通过编辑锚点达到更改路径形状的目的。

路径分开放路径、闭合路径和复合路径三种类型。开放路径有两个明显的端点，起点与终点不重合；闭合路径是一条连续的路径，终点与起点重合在一起；复合路径由两个或多个开放路径或闭合路径组成。

8.3.2 在照片中添加自定义图形

利用工具箱中的图形工具可以轻松绘制各种形状的图形，而且可利用这些图形组成各种意想不到的图形。选择"自定形状工具"后，在其选项栏中打开"自定形状"拾色器，可选择多种形状。下面介绍在照片中添加自定义图形的具体操作步骤。

步骤1：新建图层。

打开随书光盘\素材\8\9.JPG素材文件，在"图层"面板中单击"创建新图层"按钮，新建一个图层"图层1"。

步骤2：选择自定义形状。

❶ 选择"自定形状工具"后，在选项栏中单击"形状"下拉按钮。

❷ 在打开的"自定形状"对话框中选择"闪电"图形。

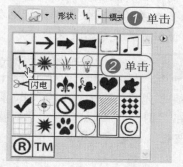

步骤3：绘制图形。

❶ 在选项栏中单击"填充像素"按钮□，将前景色设置为图像中的天空深蓝色。

❷ 使用"自定形状工具"在图像中单击并拖曳绘制选择的图形。

步骤4：变换图形。

按下快捷键Ctrl+T，使用变换编辑框对绘制的图形进行旋转变换，并按下Enter键确认变换。

125

步骤5：选择图形。

在选项栏中再次打开"自定形状"拾色器，选择"剪刀2"图形，然后新建一个"图层2"。

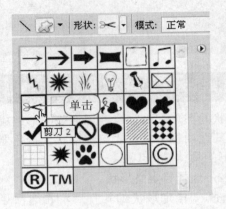

步骤6：绘制图形。

❶ 将前景色设置为黑色，使用"自定形状工具"在图像中绘制一个剪刀图形。

❷ 对剪刀图像进行旋转变换，并添加图层蒙版，制作出剪刀将云朵剪开的效果。

查看添加图形效果

知识进阶：添加旅行心情文字

运用文字工具在照片中添加色彩变换的文字，并设置图层混合模式，添加图层样式，不仅增强了文字的表现效果，更好地表现照片内容，并且丰富了画面，将人物与文字组成在一起，使照片更具纪念意义。

| 光盘 | 第 8 章 \ 添加旅行心情文字 |

❶ 打开随书光盘\素材\8\10.JPG素材文件，在"图层"面板中单击"创建新图层"按钮，新建一个图层"图层1"。

新建图层

❸ 用吸管工具吸取人物衣服上的红色，选择"横排文字工具"，并在选项栏中设置字体与大小，然后使用该工具在图像下方输入英文SUMMER。

❷ 选择"矩形选框工具"，在图像下方绘制一条矩形选区，并为选区填充青色。在"图层"面板中，更改"图层1"图层混合模式为"滤色"。

❶ 单击 滤色
❷ 查看矩形选区编辑效果

❹ 使用"横排文字工具"在输入的字母M位置上单击并拖曳，选中两个M字母。

⑤ 在选项栏中单击"文本颜色"颜色框，重新设置颜色为青色R174、G228、B235，然后选择"移动工具"退出字母选择。

⑥ 设置文字图层的混合模式为"叠加"，然后双击该图层，打开"图层样式"对话框，在对话框中设置"投影"样式。

⑦ 更改前景色为黑色，然后选择"横排文字工具"，并在选项栏中更改字体与字体大小，然后在图像右下角输入文字。在"图层"面板中将刚创建的文字图层混合模式设置为"溶解"，在图像窗口中可看到为照片添加了的文字完成效果，丰富了照片内容。

127

读书笔记

Chapter 9

打造明星特质

——人像照片的修饰和美化

要点导航

消除眼袋
改变发色
添加彩妆
美白皮肤
瘦手臂
更改衣服颜色

人像照片的处理是数码照片处理的重点之一，结合Photoshop中的各种工具和命令等，可将一些不完善的人物照片处理得完美无缺。

通过 Photoshop CS4 对人像照片从局部到整体进行修饰，例如，对面部的修饰，去除脸上的瑕疵，消除眼袋等，并通过改变人物发色、添加妆容、修饰嘴唇，可以让人物在照片中重新焕发生机。

关键字
去除面部瑕疵、眼袋、修整眉毛

9.1 修饰人物面部

难度水平
◆◆◆◇◇

视频学习 光盘\第9章\9-1-1去除脸部瑕疵、9-1-2消除眼袋、9-1-3修整眉毛

面部是人物照片常修饰的区域，利用修复画笔工具可以对面部的瑕疵进行修复。通过套索工具与图层的配合，可轻松将人物的眼袋遮盖，利用"液化"滤镜可对人物的眉毛进行修整等。

9.1.1 去除脸部瑕疵

在日常人物拍摄时，难免会将面部的一些瑕疵拍摄出来。这里将利用修复污点工具去除脸上的小污点，然后通过修复画笔工具，修复脸上明示的皱纹，最后利用"模糊工具"进行磨皮，调整出细腻的皮肤。下面介绍具体的操作步骤。

步骤1：创建新图层。

❶ 打开随书光盘\素材\9\1.JPG素材文件。

❷ 在"图层"面板中，单击"创建新图层"按钮，新建一个"图层1"。

步骤2：去除污点。

❶ 在工具箱中选择"污点修复画笔工具"，在选项栏中将画笔直径调整为8px。

❷ 使用"污点修复画笔工具"在人物皮肤上的小杂点上进行单击，去除污点。

新建图层

图层 1

背景

单击

步骤3：修复皱纹。

❶ 按下快捷键Shift+Ctrl+Alt，盖印图层，生成"图层2"。

❷ 选择"修复画笔工具"，然后将画笔调整到适当大小，在人物眼部周围好的皮肤上进行取样，通过单击对皱纹进行修复。

步骤4：磨皮。

选择"模糊工具"，在选项栏中将"强度"设置为30%，然后在脸部皮肤上进行涂抹，为人物磨皮，将皮肤调整得光滑细腻。

提示：多种工具的配合使用

在对照片进行修饰时，常需要利用到多种工具才能达到更好的修饰效果，因此需要熟练地掌握好各种工具的功能和使用方法。通过经常练习积累实践经验，自己也能成为照片处理的高手。

② 单击

① 盖印图层

图层 2

图层 1

背景

查看完成修饰效果

9.1.2 消除眼袋

突出的眼袋会直接影响人物照片的效果，通过"套索工具"将眼袋部分创建为选区，然后移动选区到面部好的皮肤上，并进行复制，最后将复制的皮肤移动到眼袋位置进行遮盖，达到消除眼袋的效果。下面进行具体的操作。

步骤1：创建选区。

① 打开随书光盘\素材\9\2.JPG素材文件。

② 选择"套索工具"，并在选项栏中设置"羽化"为10px，然后使用该工具在人物眼袋的位置单击并拖曳，创建选区。

步骤2：复制选区图像。

① 使用"套索工具"在选区内单击然后向下拖曳到脸颊好的皮肤上。

② 按下快捷键Ctrl+J，复制选区内图像生成"图层1"。

拖曳创建选区

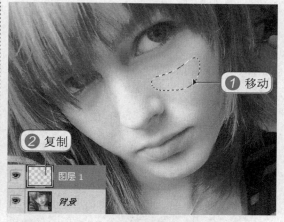

① 移动

② 复制

图层 1

背景

步骤3：移动图像。

在工具箱中选择"移动工具"，在图像中单击并向上拖曳，将"图层1"中图像移动到眼袋位置，遮盖眼袋。

步骤4：消除另一只眼睛的眼袋。

用同样的方法，对左边眼睛下的眼袋进行遮盖，达到自然地去除眼袋的效果。

提示：利用小键盘微移图像

在选择了"移动工具"后，为了使图像移动的位置更加准确，可通过小键盘上的方向键进行上、下、左、右的微移。

131

移动

查看消除眼袋效果

9.1.3 修整眉毛

眉毛的形状可影响人物的整体脸形,精致的眉形能提升人物的气质,相反不适当的眉形就会使人看起来缺乏灵气。这里将介绍通过"液化"滤镜对人物的眉毛进行修整。具体的操作步骤下面将进行介绍。

步骤1:创建副本图层。

打开随书光盘\素材\9\3.JPG素材文件,在"图层"面板中,复制一个"背景"图层,生成"背景副本"图层。

步骤2:执行液化命令。

❶ 执行"滤镜>液化"菜单命令,打开"液化"对话框。

❷ 在对话框左上方选择"向前变形工具" 🖐,然后在右方"工具选项"中对画笔大小、密度、压力进行设置。

创建图层副本

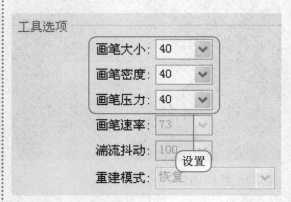

工具选项

画笔大小:	40
画笔密度:	40
画笔压力:	40
画笔速率:	73
湍流抖动:	100	设置
重建模式:	恢复

步骤3:变形眉毛。

使用"向前变形工具"在人物眉毛上单击并拖曳,即可进行变形。可根据自己的喜好和人物的脸形来调整眉形。

步骤4:确认变形效果。

❶ 继续对人物另一边的眉毛进行修整。

❷ 单击"确定"按钮后,关闭"液化"对话框,回到图像窗口中,可看到人物应用滤镜后眉毛的修整效果。

拖曳变形效果

查看修整眉毛效果

9.2 美化人物肖像

难度水平
◆◆◇◇◇

关键字
画笔、绘制、颜色替换、擦除图像

视频学习 光盘\第9章\9-2-1改变人物发色、9-2-2为眼部添加彩妆、9-2-3 美化人物唇色

　　使用 Photoshop 中的绘画功能，主要需要运用到多种类型的绘画工具。运用绘画工具可以绘制任意图像，绘画工具主要包括了画笔工具、铅笔工具、颜色替换工具和历史艺术画笔工具，图像绘制之后则需要运用到图形的擦除工具，将不需要的图像进行删除。

133

9.2.1 改变人物发色

　　利用快速蒙版，可以快速地将需要选择的区域创建为选区，通过单击工具箱下方的"以快速蒙版编辑"按钮 ⬜，进行入快速蒙版编辑模式。利用画笔工具在该模式下进行涂抹，即以半透明的红色显示选择区域，退出该模式后就可将需要的区域创建为选区，然后对选区内图像添加调整图层，达到改变颜色的效果。下面介绍改变人物发色的具体操作步骤。

步骤1：创建快速蒙版。

❶ 打开随书光盘\素材\9\4.JPG素材文件，单击工具箱下方的"以快速蒙版编辑"按钮 ⬜。

❷ 选择"画笔工具"，在人物头发上进行涂抹，被涂抹的区域即以半透明的红色显示。

步骤2：查看选区效果。

❶ 在工具箱下方单击"以标准模式编辑"按钮 ⬜，蒙版以外的区域显示为选区。

❷ 执行"选择>反向"菜单命令，反向选区，将头发区域选中。

❷ 涂抹
❶ 单击

查看选区效果

步骤3：设置色彩平衡。

创建一个"色彩平衡调整图层"，在打开的选项中单击"高光"色调，然后设置各颜色的参数。

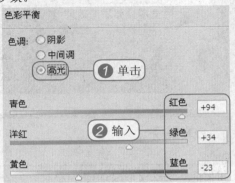

步骤4：查看改变的头发颜色。

根据上一步骤中的设置，在图像窗口中可看到人物头发颜色被更改的效果。

查看更改发色效果

▶ **你问我答**

问：在快速蒙版中只能使用画笔工具进行编辑吗？

答：不是。在快速蒙版中还可使用橡皮工具对快速蒙版中不需要的蒙版区域进行擦除；利用渐变工具来编辑快速蒙版区域，或是使用选框工具创建选区来对蒙版区域进行编辑。

134

9.2.2 为眼部添加彩妆

利用画笔工具可在图像中涂抹添加颜色，并结合图层混合模式的设置，可使得绘制的颜色自然地融入图像中。这里就将通过画笔工具在人物眼部添加彩妆效果。下面介绍具体的操作步骤。

步骤1：创建新图层。

❶ 打开随书光盘\素材\9\5.JPG素材文件。

❷ 在"图层"面板中，单击"创建新图层"按钮，新建一个"图层1"。

新建图层

步骤2：涂抹上色。

❶ 设置前景色为粉色R224、G138、B220，然后选择"画笔工具"，在选项栏中设置选项。

❷ 使用"画笔工具"在人物眼部进行涂抹添加颜色。

❶ 设置

❷ 涂抹

步骤3：设置图层混合模式。

① 在"图层"面板中更改"图层1"的"图层混合模式"为"线性加深"。

② 图层混合后，可看到人物眼部自然地添加了眼影效果。

步骤4：查看选区效果。

① 按下快捷键Shift+Ctrl+Alt+E，盖印图层，生成"图层2"。

② 使用"海绵工具"在人物脸颊和嘴巴上进行涂抹，提高饱和度，使整个妆容统一。

9.2.3 美化人物唇色

对嘴唇的美化可通过多种方法实现，这里将介绍利用"海绵工具"提高嘴唇饱和度，并利用"减淡工具"提亮嘴唇，制作出具有色泽饱满的嘴唇，最后提高整个照片的亮度。下面介绍具体的操作步骤。

步骤1：创建副本图层。

① 打开随书光盘\素材\9\6.JPG素材文件。

② 在"图层"面板中，复制一个"背景"图层，生成"背景副本"图层。

步骤2：提高饱和度。

选择"海绵工具"，在选项栏中设置。使用"海绵工具"在人物嘴唇上进行涂抹，提高嘴唇饱度。

步骤3：提亮嘴唇。

选择"减淡工具"，并在选项栏中设置选项后，使用该工具在嘴唇高光的位置上进行涂抹，提高嘴唇。

步骤4：提高整体亮度。

创建一个"色阶调整图层"，在打开的选项中设置参数，在图像窗口中可看到人物整体被提亮。

135

画笔: 30　范围: 高光　曝光度: 5%

① 设置

② 查看减淡效果

② 查看提高亮度效果

RGB　自动

17　1.12　198

① 设置

9.3　人物皮肤的修饰

关键字
美白、健康肤色

视频学习　光盘\第9章\9-3-1美白皮肤、9-3-2为人物制作健康肤色

难度水平
◆◆◇◇◇

　　光滑、白皙、健康的皮肤能很好地展现拍摄人物，但并非每个人都有好的皮肤。通过Photoshop可修饰照片中人物皮肤的问题，达到美白皮肤、制作健康的肤色的效果。

136

9.3.1　美白皮肤

　　利用"扩散亮光"滤镜可以在图像的高光部分添加反光效果，使图像变得更加柔和。这里就将通过在"通道"面板中进行编辑，抠取人物皮肤区域图像，然后应用"扩散亮光"滤镜，达到美白皮肤的效果。下面介绍具体的操作步骤。

步骤1：复制颜色通道。

打开随书光盘\素材\9\7.JPG素材文件，在"通道"面板中选中"绿"通道，然后进行复制。

步骤2：设置亮度/对比度。

❶ 执行"图像>调整>亮度/对比度"菜单命令，在打开的对话框中设置选项参数。

❷ 确认设置后，可看到图像加强了黑白对比效果。

通道　　　RGB　Ctrl+2
红　Ctrl+3
绿　Ctrl+4
蓝　Ctrl+5
绿 副本　Ctrl+6

创建副本通道

② 查看设置后通道图像效果

亮度:　　50
对比度:　100

① 设置

步骤3：绘制图像。

设置前景色为黑色，选择"画笔工具"在图像中人物头发、衣服和背景上进行涂抹，绘制成黑色。

查看使用画笔绘制效果

步骤5：设置扩散亮度滤镜。

❶ 执行"滤镜>扭曲>扩散亮光"，打开"扩散亮光"对话框，在右侧设置各选项参数。

❷ 确认设置后，在图像窗口中可看到图像应用滤镜效果，皮肤被设置为白色。

❶ 设置

扩散亮光

粒度（G） 0

发光量（L） 1

清除数量（C） 3

❷ 查看应用滤镜效果

步骤4：设置前景颜色。

❶ 单击"将通道作为选区载入"按钮，载入通道选区。

❷ 回到原图像中可看到人物脸部皮肤创建为选区，并按下快捷键Ctrl+J，复制选区图像，生成"图层1"。

❶ 查看选区效果

❷ 复制

图层 1

背景

步骤6：提高饱和度。

创建一个"自然饱和度调整图层"，在打开的选项中设置"饱和度"为+27，在图像窗口中可看到画面提高饱和度，色彩变得鲜艳。

❷ 查看提高饱和度效果

自然饱和度

自然饱和度： 0

饱和度： +27

❶ 设置

▶ **补充知识**

在"扩散亮光"对话框中，需要了解各项参数设置后的效果，才能正确地调整出需要的效果。其中设置"粒度"选项的数值越大，就会出现明显的细小亮点，反之设置的参数越小，点就越细腻，使图像更加柔和地反光；在设置"发光量"数值时，设置数值越大，发光效果越强烈；在设置"清除数量"后的数值时，设置的数值越小，表现的滤镜效果范围就越大。

137

9.3.2 为人物制作健康肤色

渐变工具可以创建具有丰富颜色变化的色带形态，使用渐变工具可以对图像进行各种类型的渐变填充，其中包括线性、径向、角度、对称等多种渐变类型。下面将具体介绍使用渐变工具对图像进行颜色填充的操作步骤。

步骤1：创建选区。

打开随书光盘\素材\9\8.JPG素材文件，选择"套索工具"，为人物脸部创建选区。

创建选区

步骤2：设置通道混合器。

❶ 在"调整"面板中创建一个"通道混合器"调整图层。

❷ 在打开的选项中设置"红"通道中各颜色参数。

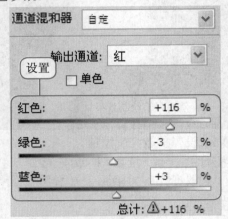

步骤3：载入蒙版选区。

❶ 根据前面通道混合器调整图层的设置图像可看到人物脸部颜色被更改。

❷ 按住Ctrl键的同时使用鼠标在"图层"面板中单击调整图层中的"蒙版缩览图"，载入蒙版选区。

❶ 查看设置调整图层效果

❷ 按住Ctrl键单击

步骤4：设置亮度/对比度。

❶ 为选区内图像创建"亮度/对比度调整图层"，并在打开的"亮度/对比度"选项中提高参数。

❷ 在画面中查看人物皮肤被调整到健康的肤色效果。

❷ 查看设置调整图层效果

❶ 设置

9.4　整体人像的修饰

关键字
仿制、模糊、加深和减淡、饱和度

9.4

难度水平
◆◆◆◇◇

视频学习　光盘\第9章\9-4-1为人物瘦手臂、9-4-2校正倾斜的肩膀、9-4-3更换衣服颜色

通过Photoshop对人像的整体进行修饰，完善人物形象，制作出漂亮的人像照片效果。这里学习利用"液化"滤镜为人物瘦手臂，通过变形变换校正倾斜的肩膀以及更换衣服的颜色。

9.4.1　为人物瘦手臂

通过"液化"滤镜，可对图像进行液化变形。利用这一特点，将人物照片中出现的胖手臂进行变形，制作出纤细、比例适中的手臂效果，然后通过"镜头校正"滤镜调整照片透视效果，使人物看起来变得较瘦。具体操作步骤下面进行详细介绍。

步骤1：创建副本图层。

打开随书光盘\素材\9\9.JPG素材文件，在"图层"面板中，复制一个"背景"图层，生成"背景副本"图层。

步骤2：变形图像。

❶ 执行"滤镜>液化"菜单命令，在打开的"液化"对话框中选择"向前变形工具"，然后设置"工具选项"。

❷ 使用"向前变形工具"在人物手臂上进行拖曳变形，减瘦手臂，然后确认设置。

创建副本图层
背景 副本
背景

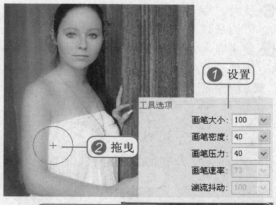

步骤3：设置透视变换。

❶ 执行"滤镜>扭曲>镜头校正"菜单命令，在打开的"镜头校正"对话框中设置"变换"选项下的"垂直透视"选项参数为-8，然后单击"确定"按钮。

❷ 回到图像窗口中，可看到照片调整透视效果后，人物身体变得拉伸，变得修长。

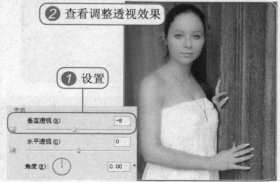

139

9.4.2 校正倾斜的肩膀

利用变换编辑框,可对选区或选中图层内的图像进行缩放、透视、旋转、变形等多种变换。这里就将利用"变形"变换命令,校正照片人物倾斜的肩膀。下面介绍详细的操作步骤。

步骤1: 打开素材照片。

执行"文件>打开"菜单命令,打开随书光盘\素材\9\10.JPG素材文件。

步骤2: 复制选区内图像。

❶ 选择"套索工具",在人手右边的肩膀边缘创建选区。

❷ 按下快捷键Ctrl+J,复制选区内图像生成新图层"图层1"。

步骤3: 选择锐化工具并涂抹。

❶ 执行"编辑>变换>变形"菜单命令,在"图层1"图像上出现变形网格。

❷ 使用鼠标在变形网格上调整网格点,对图像进行变形。

步骤4: 查看花蕊中心的效果。

按下Enter键确认变换后,可看到人物倾斜的手臂被调整到与左边手臂平行的位置上。

提示:一次性完成变换操作

在使用变形网格对图像进行变形变换时,需要在变形网格内调整到理想的变形效果,确认不再需要变形后,才可按下Enter键确认变换。如果对图像再次进行变形,就会对图像像素造成影响,产生模糊效果。

9.4.3 更换衣服颜色

利用"色彩范围"命令,可将图像中某个颜色区域创建为选区,这里就将通过"色彩范围"命令将照片中人物蓝色衣服创建为选区,然后对选区内图像添加"色相/饱和度调整图层",更改色相,达到更改人物衣服颜色的效果。下面介绍具体的操作步骤。

步骤1: 打开素材照片。

执行"文件>打开"菜单命令,打开随书光盘\素材\9\11.JPG素材文件。

步骤2: 选择颜色范围。

❶ 对打开图像执行"选择>色彩范围"菜单命令,打开"色彩范围"对话框。

❷ 在对话框中用吸管工具在人物衣服上进行单击,选择蓝色区域。

查看选择范围效果

步骤3: 调整色相/饱和度。

为选区内图像创建一个"色相/饱和度"调整图层,在打开选项中将"色相"调整为+90。

步骤4: 加深周围图像。

根据下一步骤的设置,图像应用调整图层后,选区内的蓝色被设置为紫红色,人物衣服颜色被快速更改。

查看更改衣服颜色效果

> **提示:反向选择的色彩范围**
>
> 使用"色彩范围"对话框进行颜色范围选择时,使用吸管选择某个颜色区域后,若勾选"反向"选项,可将未选择的颜色区域与选中区域交换位置。利用"反向"选项,可在"色彩范围"中选择较为多样的颜色范围。

141

知识进阶：绚丽的人物宣传照片制作

　　昏黄的灯光下，歌者在浅浅吟唱，使用 Photoshop 将一张普通的室内拍摄照片制作成为绚丽的宣传照，对人物的皮肤进行细腻的修饰，环境色的改变可以打造更加耀眼的整体的效果。具体的制作过程如下。

光盘	第 9 章 \ 绚丽的人物宣传照片制作

❶ 执行"文件>打开"菜单命令，打开随书光盘\素材\9\12.JPG素材文件，为"背景"图层添加一个图层副本。

❷ 单击工具箱中的"仿制图章工具"按钮，将"仿制图章工具"选中，在人物皮肤上进行图像的仿制，修复人物脸部皮肤的颗粒至平滑效果。

查看素材图像效果

单击

❸ 在画面中查看根据上一步对人物的皮肤进行修复瑕疵后的效果，按Shift+Ctrl+Alt+E快捷键盖印一个可见图层为"图层1"，执行"滤镜>其他>高反差保留"菜单命令，打开"高反差保留"对话框，设置半径为1像素。

❹ 将上一步添加"高反差保留"滤镜图层的混合模式设置为"叠加"模式，再盖印一个可见图层为"图层2"图层。

查看修复皮肤效果

设置

叠加

锁定：

图层1

❺ 单击工具箱中的"渐变工具"按钮，打开"渐变工具"。在"渐变编辑器"对话框中，设置颜色渐变分别为R37、G101、B180和R255、G255、B255，设置完成后单击"确定"按钮。

❻ 在选项栏中单击"径向渐变"按钮，在"图层1"图层上新建图层"图层2"，由左上角至右下角拖曳渐变。

查看填充渐变效果

⑦ 在"图层"面板中，调整"图层3"图层的混合模式为"柔光"模式，设置后的画面的灯光效果增加了冷色调。

⑧ 在"图层"面板中，再盖印一个可见图层为"图层4"图层，调整图层的混合模式为"滤色"模式，调整图层的不透明度为40%，设置后的整体亮度得到了提升。

143

⑨ 复制"图层4"图层为"图层4副本"图层，按Ctrl+T快捷键打开"自由变换"工具调整复制图层的位置。

⑩ 在"图层4副本"图层的图层蒙版上，使用"渐变工具"在图层蒙版上进行填充，隐藏部分图像效果。

⑪ 选择工具箱中的"横排文字工具",设置前景色为R253、G148、B0,设置后在画面中添加合适的文本。

⑫ 复制文字图层后,调整图层的填充不透明度为30%,选择"自由变换"工具,适当调整和移动文字副本图层。

添加文本

Born To Sing

设置文本

Born To Sing

Chapter 10

如诗如画

——风景照片的编辑

要点导航

拼接全景照片
替换天空
制作蓝天白云
将春天变为秋天
模拟光照效果
为风景照片增效

通过对风景照片的后期处理，不仅能把所拍摄的风光场景再现出来，而且能把拍摄者的思想感情和对风景的理解更加充分地表现出来，扬长避短，将美丽风景表现得更加淋漓尽致、更具艺术感染力。

通过 Photoshop 中常用工具、图层、蒙版、图像调整等多种操作的结合，可快速地拼接出大型的全景效果；对风景照片出现的天空进行强调处理，可突出风景照片的展现；对风景照片的色调进行调整，可快速地转换风景的季节，完成神奇的时空转换，等等。

10.1 全景风景照片的制作

难度水平
◆◆◆◇◇

关键字
自动对齐图层、Photomerge

视频学习 　光盘\第10章\10-1-1用"自动对齐图层"命令拼接全景照片、
10-1-2使用"Photomerge"命令拼接全景照片

　　通过"自动对齐图层"和"Photomerge"命令，可以快速地将同一处景点拍摄的多张照片自动拼接成全景图，全面展现较大的风景场景，常用于制作长幅的全景照片。

10.1.1 用"自动对齐图层"命令拼接全景照片

　　"自动对齐图层"命令，可以根据不同图层中相似的内容，替换或删除具有相同背景的图像部分，或将共享重叠内容的图像缝合在一起，拼接成一幅新的全景照片。执行"编辑>自动对齐图层"菜单命令后，在打开的"自动对齐图层"对话框中提供了多种投影方式，使照片的拼接效果更自然。下面介绍具体的操作步骤。

步骤1：打开素材照片。

执行"文件>打开"菜单命令，打开随书光盘\素材\10\1.JPG和2.JPG素材文件，在启动程序栏中选择"双联"排列方式，将两幅照片并列显示。

步骤2：选择图层。

❶ 选择"移动工具"，将2.JPG文档中的图像拖曳到1.JPG文档中，复制图像，生成新图层"图层1"。

❷ 在"图层"面板中，按住Ctrl键的同时单击"背景"图层，将两个图层同时选中。

查看打开素材照片效果

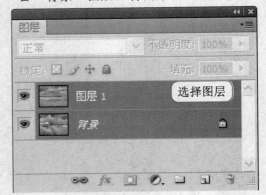

选择图层

步骤3：设置自动对齐图层。

❶ 执行"编辑>自动对齐图层"菜单命令，打开"自动对齐图层"对话框。

❷ 在对话框中选择"自动"投影样式，然后单击"确定"按钮。

步骤4：增大画笔继续去除。

根据上一步骤中的设置，回到图像窗口中可看到两个图层中的图像自动地组合在一起，拼接成一幅新的全景照片效果。

> **提示：选中需要自动对齐的图层**
>
> 　　在执行"自动对齐图层"命令前，必须将需要对齐的图层全部选中，在"编辑"菜单下的"自动对齐图层"命令才可用。

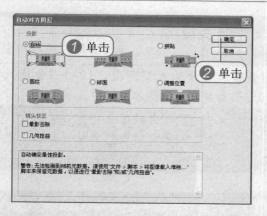

查看拼接的全景效果

10.1.2 使用"Photomerge"命令拼接全景照片

利用"Photomerge"命令同样可将多张照片拼接成全景照片效果，与"自动对齐图层"命令产生的效果相同。不同的是在"Photomerge"命令下创建的全景效果会被创建到一个新的文档中，对原照片不产生影响。下面将介绍具体的操作步骤。

步骤1：打开素材并执行命令。

❶ 同样打开1.JPG和2.JPG两幅素材照片。

❷ 在任意一个文档中执行"文件 > 自动 > Photomerge"菜单命令，打开"Photomerge"对话框。

步骤2：设置选项。

❶ 在对话框中单击"添加打开的文件"按钮，在"使用"框中添加上打开的素材文档。

❷ 在"版面"选项中选择"自动"，然后单击"确定"按钮。

步骤3：查看拼接效果。

根据上一步的设置，在图像窗口中即创建一个"未标题-全景图"文档，将打开的两张照片拼接在一起组成了全景图。

【摄影讲座】为了更好地表现一幅较大的风景效果，可连续拍摄多张不同角度的效果，通过后期的拼接、裁剪等，制作出全景照片效果。

查看创建的全景图文档

147

10.2 强调天空的处理方法

难度水平

◆◆◇◇◇

关键字
画笔、绘制、颜色替换、擦除图像

视频学习 光盘\第10章\10-2-1调整有层次的天空图像、10-2-2替换天空 色彩范围法、10-2-3为灰白天空添加蓝天白云

天空是风景摄影的一个重要主体，通过处理可增强天空的表现力。这里将介绍调整有层次感的天空、替换天空以及为灰白天空添加蓝天白云的方法，强调天空的展现。

10.2.1 调整有层次的天空图像

变换丰富的天空常常是拍摄的一个重要对象，这里通过"应用图像"命令提亮天空中的云朵，最后添加色阶调整图层，提高图像的对比度，制作出具有强烈层次的天空图像。下面介绍具体的操作步骤。

步骤1：创建副本图层。

打开随书光盘\素材\10\3.JPG素材文件，在"图层"面板中，复制一个"背景"图层，生成"背景副本"图层。

步骤2：执行"应用图像"命令。

❶ 执行"图像>应用图像"菜单命令，打开"应用图像"对话框。

❷ 在对话框中设置"混合"为"滤色"，"不透明度"为50%，然后单击"确定"按钮。

步骤3：创建图层蒙版。

确定设置后，可看到图像被提高亮度，在"图层"面板中单击"添加图层蒙版"按钮，为"背景副本"图层创建图层蒙版。

步骤4：编辑图层蒙版。

设置前景色为黑色，使用"画笔工具"在图像中海滩和蓝色天空区域上进行涂抹，隐藏"应用图像"效果。

涂抹

步骤5： 设置图层混合模式。

❶ 在"图层"面板中设置"背景副本"图层的图层混合模式为"强光"。

❷ 图层混合后，可看到加强了色彩效果。

步骤6： 设置色阶调整图层。

❶ 在"调整"面板中创建一个"色阶调整图层"，在打开选项中设置选项参数。

❷ 设置完成后，在图像窗口中可看到加强了图像中明暗对比，制作出一幅有层次的天空照片。

10.2.2 替换天空——色彩范围法

　　利用"色彩范围"命令，将照片中的云朵图像创建为选区，然后复制成新的图层，并设置图层混合模式，增强云朵色调，最后对其设置"色彩平衡调整图层"，替换天空云朵的颜色。下面进行具体的操作步骤。

步骤1： 打开素材照片。

执行"文件>打开"菜单命令，打开随书光盘\素材\10\4.JPG素材文件。

步骤3： 复制选区内图像。

❶ 根据上一步骤中的设置，在图像窗口中可看到云朵图像被创建为选区。

❷ 按下快捷键Ctrl+J，复制选区内图像，生成"图层1"。

步骤2： 选择色彩范围。

执行"选择>色彩范围"菜单命令，打开"色彩范围"对话框。使用对话框中的吸管工具在图像中的云朵上单击，选择色彩范围。

步骤4： 更改图层混合模式。

设置"图层1"的"图层混合模式"为"正片叠底"，可看到图层混合后，使得云朵图像变得明显。

查看正片叠底模式效果

步骤5：设置色彩平衡调整图层。

❶ 按住Ctrl键的同时单击"图层1"前的
   "图层缩览图"，载入该图层中图像选
   区。

❷ 为选区内图像设置一个"色彩平衡调整
   图层"，在打开选项中对各色彩参数进
   行设置。

步骤6：查看完成效果。

根据上一步骤中调整图层的设置，在图像窗
口中可看到图像云朵颜色被更改为蓝色调，
增强了天空的表现力。

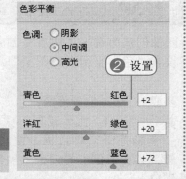

查看色彩平衡效果

提示：载入图层选区

　　在需要对某个图层中的图像设置调整图层效果时，需要载入该图层的选区，而执行调整图层则只需要选中该图层即可。

10.2.3　为灰白天空制作蓝天白云

　　天空是美丽景色的最好衬托，当一幅风景照片中出现灰白的天空图像时，再美的景色也会黯然失色，这时就可通过图层蒙版和渐变工具的配合，为灰白的天空添加上蓝天白云效果。下面介绍具体的操作步骤。

步骤1：打开素材照片。

❶ 执行"文件>打开"菜单命令，打开随书
   光盘\素材\10\5.JPG和6.JPG素材文件。

❷ 使用"移动工具"将蓝天白云图像拖曳
   复制到5.JPG文档中。

步骤2：设置替换颜色。

❶ 复制图像在文档中自动生成"图层1"。

❷ 使用"移动工具"将"图层1"中图像移
   动到上方位置。

步骤3：创建图层蒙版。

① 为"图层1"创建一个图层蒙版。

② 选择"渐变工具"，在选项栏中选择黑色到白色的渐变，然后使用"渐变工具"在图像中拖曳应用渐变，利用图层蒙版制作出渐隐效果，使两个图像融合在一起。

步骤4：使用自动色调命令。

① 按下快捷键Shift+Ctrl+Alt+E，盖印图层，生成"图层2"。

② 对盖印图层执行"图像>自动色调"菜单命令，自动调整照片的色调，使整体图像色调统一。

151

提示：使用多种工具编辑图层蒙版

在对图层蒙版进行编辑中，可使用多种工具来完成，包括工具箱中的"画笔工具"、"油漆桶工具"、"渐变工具"、"铅笔工具"，以及前景色、背景色的填充来完成图层蒙版的编辑达到需要的效果。

10.3 神奇的时空变换

难度水平
◆◆◇◇◇

关键字
填充、纯色、渐变色、填充类型

视频学习 光盘\第10章\10-3-1使用"通道混合器"将春天变成秋天、10-3-2使用"颜色替换"将枯草变得郁郁葱葱

通过Photoshop可快速地完成照片中的季节变换，利用"通道混合器"将一张春天的风景照片变换为秋开拍摄的效果，使用"颜色替换"命令将照片枯草替换成郁郁葱葱的效果。只需要通过手中的鼠标就可在电脑中完成四季风景的变换。

10.3.1 使用"通道混合器"将春天变成秋天

不同季节能展现出不同的美景，通过在照片中添加"通道混合器调整图层"，并对每个颜色通道内的色彩进行混合，可更改原照片中的春天颜色，制作出一幅秋天景色效果。下面介绍具体的操作步骤。

步骤1： 打开素材照片。

执行"文件>打开"菜单命令，打开随书光盘\素材\10\7.JPG素材文件。

步骤2： 创建通道混合器调整图层。

❶ 在"调整"面板中创建一个"通道混合器调整图层"。

❷ 在打开的选项中为"红"通道进行设置。

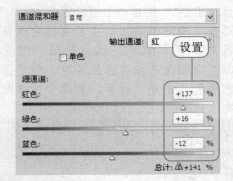

步骤3： 设置绿通道。

❶ 单击"输出通道"选项下拉按钮，在打开选项中选择"绿"通道。

❷ 在"源通道"选项中进行各颜色的参数设置。

步骤4： 设置前景颜色。

选择"输出通道"为"蓝"通道，并设置"源通道"中的颜色参数。

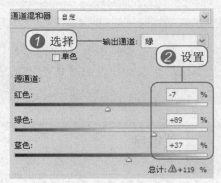

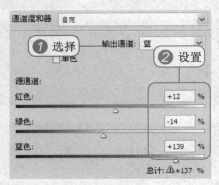

步骤5： 查看设置后效果。

根据上一步骤的设置，在图像窗口中可看到图像被更改为黄色调。

步骤6： 编辑图层蒙版。

❶ 设置前景色为黑色，选择"画笔工具"，在其选项栏中对选项进行设置。

❷ 使用"画笔工具"在图像中木屋上进行涂抹，隐藏调整图层效果，显示木屋原色。

查看通道混合器效果

画笔: 80 ▼ 模式: 正常 ▼ 不透明度: 70% ▶ 流量: 70% ▶

① 设置

② 查看蒙版编辑效果

10.3.2 使用"颜色替换"将枯草变得郁郁葱葱

郁郁葱葱的草地能带给人生机勃勃的感受,面对一张枯黄的草地照片时,只需要通过"颜色替换"命令,选中枯草颜色,然后通过"替换"选项设置绿色,即可快速制作出绿色的草地效果。下面介绍具体的操作步骤。

步骤1: 创建副本图层。

① 打开随书光盘\素材\10\8.JPG素材文件。

② 在"图层"面板中,复制一个"背景"图层,生成"背景副本"图层。

步骤2: 取样颜色。

① 对复制图像执行"图像>调整>颜色替换"菜单命令,打开"颜色替换"对话框。

② 在对话框中设置"颜色容差"为100,然后使用吸管工具在图像中枯黄的草地上单击,选择颜色区域。

创建图层副本

👁 背景 副本
👁 背景

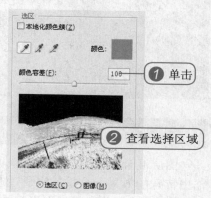

选区
☐ 本地化颜色簇(Z)

🖋 🖋 🖋   颜色:

颜色容差(F):   100   ① 单击

② 查看选择区域

◉ 选区(C) ◯ 图像(M)

步骤3: 设置替换颜色。

① 在对话框下方的"替换"选项中,设置"色相"为+31,"饱和度"为+41,"明度"为-27,在"结果"颜色框内可看到设置的替换颜色为绿色。

② 单击"确定"按钮,关闭对话框。

步骤4: 查看颜色替换效果。

根据前面的设置,在图像窗口中可看到原本枯黄的草地颜色被替换为绿色,制作出了一幅勃勃生机的照片效果。

153

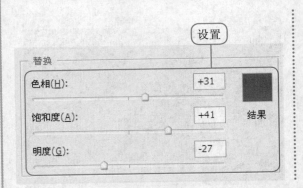

设置

替换

色相(H): +31

饱和度(A): +41 结果

明度(G): -27

查看替换颜色效果

▶ 你问我答

问：可以使用"颜色替换"命令同时替换多种颜色吗？

答：可以。这就需要在"颜色替换"对话框中，选择"添加到取样" ✐，在图像中单击即可同时取样多种颜色，将这些颜色设置为替换区域。如果需要减去某种颜色，可通过"从取样中减去" ✐，在不需要的颜色上单击，减去该颜色区域。

确定多种颜色区域后，在"替换"选项中设置需要替换的颜色，确认设置后，就可将图像中的多种颜色区域同时替换为设置的某一种颜色。

154

10.4 自然环境效果的烘托

难度水平
◆◆◆◇◇

关键字
模拟光照、单色调、渐变填充

视频学习　光盘\第10章\10-4-1用混合模式模拟光照效果、10-4-2利用黑白调整图层制作单色调效果、10-4-3使用渐变填充为风景增效

通过对风景照片的环境进行烘托，能更好地表现照片的主体。这里将介绍使用图层混合模式的设置模拟光照效果，利用黑白调整图层制作出高饱和度的单色调照片，使用渐变填充为风景增效，以灵活的方法，将风景照片的自然环境完善。

10.4.1 用混合模式模拟光照效果

图层混合模式是常用到的一项设置，通过不同的混合选项，将不同图层进行混合，制作出特殊的效果。这里就将通过在不同的副本图层中设置不同的混合模式，并结合图层蒙版的编辑，在照片中模拟出光照效果，加强原照片中花朵的表现。下面介绍具体的操作步骤。

步骤1：创建副本图层。

❶ 打开随书光盘\素材\10\9.JPG素材文件。

❷ 在"图层"面板中，复制一个"背景"图层，生成"背景副本"图层。

步骤2：设置图层混合模式。

❶ 在"图层"面板中设置"背景副本"图层的"图层混合模式"为"叠加"。

❷ 在图像窗口中即可查看到图层混合后，增强了照片明暗、色彩。

步骤3：盖印图层。

❶ 按下快捷键Shift+Ctrl+Alt+E，盖印图层，生成"图层1"。

❷ 设置"图层混合模式"为"线性加深"。

步骤4：创建图层蒙版。

❶ 在图像窗口中可查看到图层混合效果。

❷ 单击"添加图层蒙版"按钮，为"图层1"创建一个图层蒙版。

步骤5：编辑图层蒙版。

设置前景色为黑色，然后使用"画笔工具"在图像中间部分进行涂抹，显示下面图层较亮的图像，模拟光照效果。

【摄影讲座】在拍摄近处微小物体时，可选择大光圈进行拍摄。光圈大景深小，照片的模糊范围大，影响视觉注意力的因素也减少，能将需要表现的主体更好地突出展现在画面上。

查看编辑蒙版后效果

10.4.2 利用黑白调整图层制作单色调效果

利用"黑白调整图层"，可将照片快速地设置为黑白照片效果。在"黑白"选项中勾选"色调"选项，即可将照片制作成单一颜色效果，通过"选择目标颜色"拾取器可设置任意的颜色。下面介绍具体的操作步骤。

步骤1：打开素材照片。

执行"文件>打开"菜单命令，打开随书光盘\素材\10\10.JPG素材文件。

步骤3：设置选项。

❶ 在打开的"选择目标颜色"对话框中设置黄色R241、G202、B113。

❷ 确认颜色后回到"调整"面板中，对其他颜色进行参数调整。

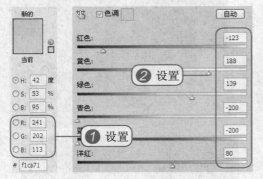

步骤2：创建黑白调整图层。

❶ 在"调整"面板中创建一个"黑白调整图层"。

❷ 在打开的"黑白"选项中勾选"色调"单选框，然后单击颜色框。

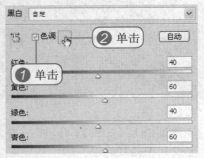

步骤4：查看单色调效果。

根据前面调整图层的设置，在图像窗口中可看到照片被设置为高饱和度的黄色调效果。

查看设置的单色调效果

10.4.3　使用渐变填充为风景增效

在"图层"面板下方单击"创建新的填充或调整图层"按钮，在打开的菜单中，选择"渐变"选项，即可打开"渐变填充"对话框。从中可选择任意的渐变色填充到图像中，制作出色彩绚丽的风景效果。下面就将学习在照片中添加渐变填充图层，并结合图层混合模式和蒙版的编辑，为风景照片增效。具体操作如下。

步骤1：打开素材照片。

执行"文件>打开"菜单命令，打开随书光盘\素材\10\11.JPG素材文件。

步骤2：选择渐变填充图层。

❶ 单击"图层"面板下方的"创建新的填充或调整图层"按钮，在打开的菜单中，选择"渐变"选项。

❷ 在打开的"渐变填充"对话框中，单击渐变条，打开"渐变编辑器"对话框。

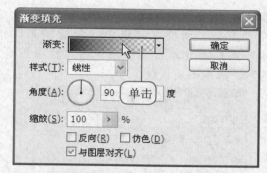

步骤3： 使用设置渐变颜色。

① 在打开的"渐变编辑器"对话框中，设置青色到红色的渐变。

② 单击"确定"按钮，回到"渐变填充"对话框中，直接再单击"确定"按钮即可。

步骤4： 加深周围图像。

在"图层"面板中，可看到创建了一个名称为"渐变填充1副本"图层，并设置其"图层混合模式"为"正片叠底"。

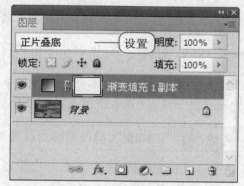

步骤5： 查看设置后效果。

根据上一步骤的设置，在图像窗口中可看到图像设置为红色到青色的渐变效果。

步骤6： 设置亮度/对比度调整图层。

① 在"图层"面板中设置一个"亮度/对比度调整图层"，在打开的选项中提高参数设置。

② 图像应用调整图层后提高了亮度与对比度效果。

查看设置的渐变填充效果

157

步骤7：选择图层蒙版。

在"图层"面板中，选中"渐变填充1副本"图层，并单击该图层中的"蒙版缩览图"，选中图层蒙版。

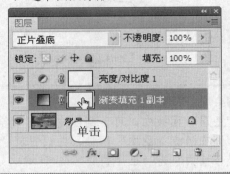

步骤8：编辑图层蒙版。

❶ 使用"画笔工具"在蒙版中进行涂抹，隐藏天空和海水中的渐变填充效果。

❷ 在画面中查看制作出的绚丽美景效果。

❶ 涂抹

❷ 查看编辑蒙版后效果

▶ 补充知识

在 Photoshop 中提供了三个填充图层，即纯色、渐变和图案填充图层，也就是可为图层填充纯色、渐变颜色以及添加图案。通过"图层 > 新建填充"图层命令，可在打开的子菜单中选择需要创建的填充图层。

158

知识进阶：制作唯美的风景照片效果

通过色阶、色相 / 饱和度、曲线调整图层增强照片的色彩和影调，调出蔚蓝的天空、洒满阳光的草地，让原本暗淡无光的照片变得色彩鲜明，光影变换丰富的唯美风景照片效果。

光盘	第 10 章 \ 制作唯美的风景照片效果

❶ 执行"文件>打开"菜单命令，打开随书光盘\素材\10\12.JPG素材文件。

❸ 设置完成后，在图像窗口中可看到图像提高了阴影、高光和中间调，增强了图像的对比。

❷ 在"调整"面板中创建一个"色阶调整图层"，在打开的"色阶"选项中，设置参数依次为34、1.35、230。

❹ 在"调整"面板中创建一个"色相/饱和度调整图层"，在打开的"色相/饱和度"选项中选择"红色"，然后设置"饱和度"为+20。

查看设置无色阶调整图层效果

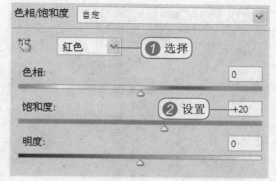

选择 ①

色相: 0

设置 ② 饱和度: +20

明度: 0

⑤ 在"调整"面板中，在颜色选项下拉列表中选择"黄色"，然后设置其"饱和度"为+65。

⑥ 继续设置"蓝色"的"饱和度"为+21，完成设置后，在图像窗口中可看到原图像中的红色、黄色和蓝色饱和度都被提高。

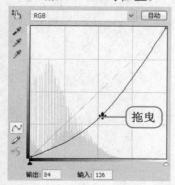

选择 ①

色相: 0

设置 ② 饱和度: +65

明度: 0

□着色

设置 ①

查看提高饱和度效果 ②

⑦ 在"调整"面板中，再创建一个"曲线调整图层"，在打开的"曲线"选项中，将曲线向下拖曳，调整到"输出"84、"输入"136的位置。

⑧ 根据上一步骤的设置，在图像窗口中可以看到整体效果变暗。

拖曳

输出: 84　输入: 136

查看曲线设置效果

⑨ 选中"曲线1"图层中的"蒙版图层"使用"画笔工具"在图像中进行涂抹，显示明亮的天空的树木，只保留暗部效果。

⑩ 按下快捷键Shift+Ctrl+Alt+E，盖印图层，生成"图层1"。

涂抹

图层

正常 | 不透明度: 100% |

锁定: ☒ ✐ ✛ ⬛ | 填充: 100% |

图层 1 — 盖印创建新图层

曲线 1

色相/饱和度 1

⑪ 选择"减淡工具"，在其选项栏中设置
画笔"直径"为65px，"范围"为"高
光"，"曝光度"为5%。然后使用"减
淡工具"在图像中天空云朵、黄色草地
和大树的高光区域上进行涂抹，减淡图
像，完成一幅唯美的风景照片效果。

画笔: ☀ | 范围: 高光 | 曝光度: 5% | □保护色调

① 设置

② 查看减淡图像效果

Chapter 11

照片大变身

——数码照片的特效制作

要点导航

设置柔和的聚光效果
打造 LOMO 风格照片效果
设置微型景观特效
仿老电影效果制作

数码照片的特效制作可以帮助用户解决不同聚焦的特殊拍摄效果，打造个性化的照片特殊效果。

通过对数码照片颜色模式的转换，可以将照片进行特殊色调的颜色变换；通过添加多种不同的渐变透明图层和调整图层，可组合设置艺术化的照片特殊效果。本章中实例的应用可以帮助用户从多种照片特效中掌握新的处理手法。

11.1 特殊的光影效果

关键字
柔光设置、调整聚焦、LOMO风格

难度水平
◆◆◆◇◇

视频学习　光盘\第11章\11-1-1创建柔和的聚光效果、11-1-2设置柔焦效果、11-1-3设置LOMO风格照片效果

在数码照片中，通常摄影者的主题在拍摄时就能够很好地体现，但是由于相机性能的不同，对于聚焦的效果有所不同。Photoshop则可以对聚焦情况不佳的照片进行更进一步的光影设置。

11.1.1 创建柔和的聚光效果

在对主题明确的照片进行聚光效果的设置时，需要通过明暗关系来表达照片中的主题和衬体，通过光照效果的添加可以添加画面的光线的重点区域。具体的制作过程如下。

步骤1：打开素材文件。

执行"文件>打开"菜单命令，打开随书光盘\素材\11\1.JPG素材文件。

步骤2：添加透明渐变。

单击工具箱中的"渐变工具"按钮，选择"径向渐变"，设置由黑至透明的颜色渐变，新建图层并由中心向四周拖曳渐变。

查看素材图像效果

新建　图层1
背景

步骤3：调整图层混合模式。

在"图层"面板中，调整"图层1"图层的混合模式为"柔光"模式。

步骤4：添加光照效果。

❶ 在"图层"面板中，盖印一个可见图层，创建盖印图层为"图层2"图层。

❷ 执行"滤镜>渲染>光照效果"菜单命令，保持光照选项为默认值，调整光照的角度和位置。

柔光　设置

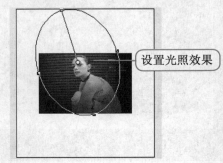

设置光照效果

步骤5：查看添加光照效果。

在画面中查看上一步提加的"光照效果"滤镜效果。

步骤6：添加自定义的水印效果。

❶ 在"图层"面板中，调整"图层2"图层的混合模式为"滤色"模式，调整不透明度为70%。

❷ 设置后照片的聚光效果更为突出。

11.1.2 设置柔焦效果

在使用普通照相机进行拍摄时，通常会对远景中的所有图像都清晰显示。本实例将介绍在众多元素的照片中突出单一的人物和景物效果。下面介绍具体的制作过程。

步骤1：打开素材复制图层。

❶ 执行"文件>打开"菜单命令，打开随书光盘\素材\11\2.JPG素材文件。

❷ 在"图层"面板中，将"背景"图层创建一个副本为"背景副本"图层。

步骤3：添加图层蒙版。

在"图层"面板中，选中"背景副本"图层，单击面板下方的"添加图层蒙版"按钮，为"背景副本"图层添加一个图层蒙版。

步骤2：添加镜头模糊滤镜。

选中"背景副本"图层，执行"滤镜>模糊>镜头模糊"菜单命令，打开"镜头模糊"滤镜对话框，设置光圈选项下的半径为5，设置后单击"确定"按钮。

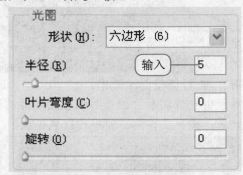

步骤4：查看聚焦效果。

❶ 选择工具箱中的"画笔工具"，设置前景色为黑色，在图层蒙版中进行涂抹，将中间位置的人物进行擦除。

❷ 在画面中查看保持中心位置清晰的画面效果。

163

11.1.3 设置LOMO风格照片效果

LOMO 风格的照片现在已经越来越广泛地应用在照片处理中，作为个性化照片的处理的代表，LOMO 风格的照片可以将整体的色调向黄绿色主色调进行变换。同时，LOMO 风格的照片通常会添加暗角效果突出主题图像。下面介绍具体的操作步骤。

步骤1： 打开素材照片。

执行"文件>打开"菜单命令，打开随书光盘\素材\11\3.JPG素材文件。

查看素材照片效果

步骤3： 查看调整曲线效果。

在画面中查看添加"曲线"调整图层后的画面效果，减少了整体画面中的红色色调。

查看调整曲线效果

步骤2： 嵌入水印验证。

❶ 在"背景"图层上添加一个"曲线"调整图层，选择"红"通道。

❷ 在"红"通道中调整曲线的形状。

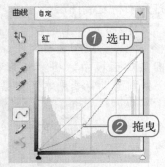

步骤4： 载入中间调选区。

按Ctrl+Alt+2快捷键载入中间色调选区，在画面中查看载入选区效果。

查看载入选区效果

164

步骤5：添加纯色填充图层。

① 根据上一步载入的选区，单击面板下方的"创建新的填充或调整图层"按钮 ，在弹出的菜单中选择"纯色"菜单命令，打开"拾取实色"对话框，设置填充颜色为R253、G218、B133。

② 设置完成后单击"确定"按钮。

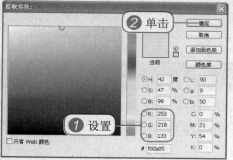

步骤7：添加滤镜高反差保留滤镜命令。

在"图层"面板中，盖印一个可见图层为"图层1"，执行"滤镜>其他>高反差保留"菜单命令，打开"高反差保留"对话框，设置半径值为1.0像素，设置后单击"确定"按钮。

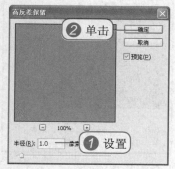

步骤9：添加暗角效果。

新建一个图层，选择"渐变工具"，在"渐变编辑器"中设置由黑至透明渐变，分别在四个角落进行拖曳创建。

【摄影讲座】在进行镜头的选择时，摄影者会希望拍摄照片的四周不要出现暗角的情况，通常会将带有暗角的镜头视为有瑕疵的镜头。

步骤6：调整图层混合模式。

① 在"图层"面板中，调整"颜色填充1"图层的混合模式为"正片叠底"模式。

② 在画面中查看调整图层混合模式后的效果，呈现了黄绿色主色调效果。

步骤8：调整图层混合模式。

① 将上一步添加"高反差保留"滤镜命令的盖印图层的混合模式设置为"叠加"模式。

② 在画面中查看调整图层混合模式后的照片效果更清晰，细节更突出。

查看添加暗角效果

11.2 视觉效果的制作

关键字
微型图像、复古色、部分色彩变换

难度水平
◆◆◆◇◇

视频学习 光盘\第11章\11-2-1微型景观特效制作、11-2-2复古色调的视觉效果、11-2-3保留部分色彩的照片效果

　　在进行多种视觉特效的制作之前，需要对不同的照片素材进行选择。通常设置微型图像特效时，需要选择俯视拍摄的照片进行创造，在进行复古色调和保留部分色彩的照片特效处理时，蒙版的运用以及部分色彩的变换可以通过多种方式实现。

11.2.1 微型景观特效制作

　　微型景观特效的制作通过一张普通的俯视照片即可进行创造，正确了解微型景观照片的模糊和聚焦的位置，适宜地添加图层蒙版即可得到特殊的照片效果。下面介绍具体的操作步骤。

步骤1：打开素材并创建副本。

❶ 打开随书光盘\素材\11\4.JPG素材文件。

❷ 在"图层"面板中，为"背景"图层添加一个图层副本"背景副本"图层。

步骤2：添加模糊滤镜效果。

❶ 在"背景副本"图层上，执行"滤镜>模糊>高斯模糊"菜单命令，打开"高斯模糊"对话框，设置模糊半径为4像素。

❷ 设置完成后单击"确定"按钮即可。

创建图层副本

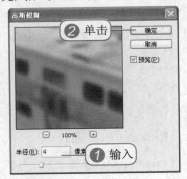

步骤3：设置填充渐变。

❶ 为"背景副本"图层创建一个图层蒙版，选择工具箱中的"渐变工具"，打开"渐变编辑器"对话框，设置由透明至黑再到透明的渐变。

❷ 设置完成后单击"确定"按钮，选中选项栏中的"线性渐变"按钮。

步骤4：为蒙版拖曳渐变。

❶ 在"背景副本"图层的图层蒙版上，由右上角至左下角拖曳线性渐变。

❷ 在画面中查看为图层蒙版添加渐变后的画面效果。

步骤5：设置图层属性。

❶ 复制"背景副本"图层为"背景副本2"图层。

❷ 调整图层副本的混合模式为"柔光"模式。

步骤6：查看调整图层模式效果。

在画面中查看根据上一步对图层副本进行图层混合模式设置后的效果。

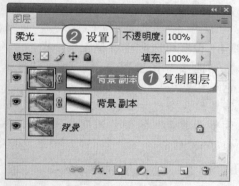

步骤7：设置颜色渐变。

❶ 新建图层，打开"渐变工具"，在"渐变编辑器"对话框中，设置由黑色至透明的颜色渐变。

❷ 为画面四周拖曳由黑至透明的颜色渐变，添加暗角效果。

步骤8：调整图层混合模式。

❶ 将上一步填充的颜色渐变图层混合模式调整为"柔光"模式。

❷ 在画面中查看设置后的颜色效果，更突出中心火车效果。

167

11.2.2　复古色调的视觉效果

　　随着复古流行指数的重新复苏，复古色调在照片处理的应用得到越来越多读者的喜爱，暗棕色调的体现古代元素的气息。下面分别介绍通过曲线和可选颜色进行复古色调的处理步骤。

步骤1：打开素材文件。

执行"文件>打开"菜单命令，打开随书光盘\素材\11\5.JPG素材文件。

查看素材图像效果

步骤3：涂抹图层蒙版。

选择工具箱中的"画笔工具"，设置前景色为黑色，调整画笔的不透明度为50%，在"曲线"调整图层的图层蒙版上进行涂抹，保留人物图像。

② 查看涂抹蒙版后的效果

① 设置

步骤5：继续调整可选颜色。

❶ 继续在"可选颜色"调整图层上进行颜色设置，选择"蓝色"颜色浓度分别为+100%、0%、+100%、0%。

❷ 调整"白色"颜色浓度为-50%、0%、0%、0%。

步骤2：添加曲线调整图层。

在"背景"图层上添加一个"曲线"调整图层，调整曲线的形状。

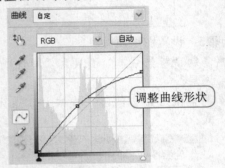

调整曲线形状

步骤4：设置可选颜色调整图层。

❶ 在"曲线"调整图层上，添加"可选颜色"调整图层，选中"红色"颜色。

❷ 调整颜色浓度为0%、-23%、0%、0%。

❸ 调整"黄色"的颜色浓度为-100%、0%、+100%、+7%。

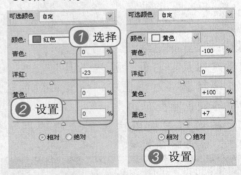

步骤6：继续调整可选颜色。

❶ 调整"中性色"颜色浓度为0%、0%、+20%、0%。

❷ 调整"黑色"颜色浓度为0%、0%、0%、+10%。

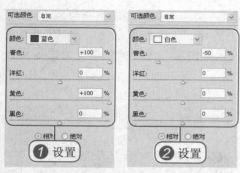

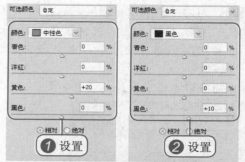

步骤7：查看调整后的效果。

根据之前对"可选颜色"调整图层的设置，画面中的效果呈现棕黄色调，打造复古色彩效果。

查看调整局部色彩效果

提示：局部颜色的多种变换方式

在进行照片处理中，很大一部分时候会需要进行部分图像的色彩变换。在 Photoshop 中，可以用"可选颜色"、"色彩平衡"、"颜色替换"等命令进行局部色彩的变换。设置的方式有多种，读者可以通过对比应用掌握适合自己的处理方式。

169

11.2.3 保留部分色彩的照片效果

在对写实等纪实照片的处理过程中，通常会将照片进行部分色彩的变换和处理。通过图层蒙版的添加和应用，可以创建多种形式的部分色彩照片。具体的操作步骤如下。

步骤1：打开素材照片。

执行"文件>打开"菜单命令，打开随书光盘\素材\11\6.JPG素材文件。

步骤2：添加黑白调整图层。

在"背景"图层上添加一个"黑白"调整图层，设置各颜色浓度分别为0、172、-87、100、-51、142。

查看素材图像效果

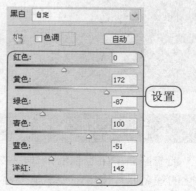

设置

步骤3：为调整图层设置图层蒙版。

❶ 在"黑白1"调整上，使用黑色的画笔进行涂抹，将除人物皮肤以及背景的图像区域涂抹。

❷ 在画面中查看涂抹后的照片效果。

步骤4：添加渐变映射调整图层。

在"黑白1"调整图层上，添加"渐变映射"调整图层，选中颜色渐变为由黑至白。

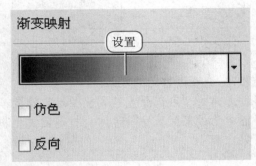

步骤5：查看深层次的黑白图像。

在画面中查看根据上一步添加"渐变映射"后的照片效果，人物轮廓更清晰、更有层次。

步骤6：复制并替换图层蒙版。

按住Alt键的同时拖曳"黑白1"调整图层上的图层蒙版至"渐变映射1"调整图层，替换原有的图层蒙版后，查看画面效果。

11.3 创意数码照片的制作

关键字
Lab模式、快速蒙版、中间调区域

视频学习 光盘\第11章\11-3-1个性签名照片的制作、11-3-2仿老电影效果制作

难度水平
◆◆◆◆◇

在对数码照片进行创意效果的设置时，通常会对数码照片进行多种夸张的图像处理，打造斑驳的边缘或者设置具有商业化的色调效果处理，打造具有自身特色的个性数码照片。

11.3.1 个性签名照片的制作

随着网络中信息量的不断增大，有很多作者会将自己的数码照片作为网络标识，打造个性化的签名照片使用的频率越来越大。下面将介绍使用普通照片进行个性签名照片的制作。

步骤1：打开照片转换颜色模式。

❶ 执行"文件>打开"菜单命令，打开随书
光盘\素材\11\7.JPG素材文件。

❷ 执行"图像>模式>Lab模式"菜单命令，
将素材文件转换为Lab模式文件。

查看素材图像效果

步骤3：调整曲线形状。

继续在"曲线"调整面板中，设置"b"通
道的曲线形状。

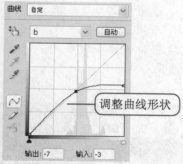
调整曲线形状

步骤5：添加色阶调整图层。

在"曲线"调整图层上，添加一个"色阶"
调整图层，设置输出色阶值为26、1.33、
255。

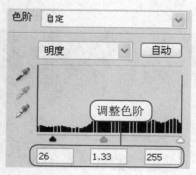
调整色阶

步骤2：调整曲线形状。

❶ 在"背景"图层上添加一个"曲线"调
整图层，选择"明度"通道后调整曲线
的形状。

❷ 选择"a"通道，调整曲线的形状。

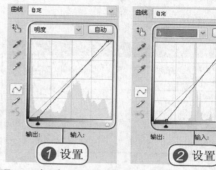
❶ 设置　　❷ 设置

步骤4：查看画面效果。

在画面中查看通过对"曲线"调整图层进行
设置后的画面效果。

步骤6：查看画面效果。

❶ 在"色阶"调整图层上，按Shift+Ctrl+Alt+E
快捷键盖印一个可见图层"图层1"。

❷ 在画面中查看盖印图层的效果。

❷ 查看盖印图层效果　❶ 盖印可见图层
图层1

171

步骤7：使用应用图像命令。

❶ 在 "图层1" 图层上，执行 "图像>应用图像" 菜单命令，打开 "应用图像" 对话框，设置 "源" 选项的通道为 "a"，设置混合为 "柔光" 模式，不透明度为60%。

❷ 设置完成后单击 "确定" 按钮。

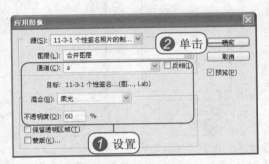

步骤9：复制并调整图像。

❶ 选择工具箱中的 "矩形选框工具" ▢，框选人物图像，复制选取的矩形图像至新图层 "图层2" 中。

❷ 按Ctrl+T快捷键打开 "自由变换" 工具，设置选区图像为 "水平翻转" 并移动到画面合适位置。

复制并变换图

步骤8：查看图像效果。

在画面中查看通过上一步对 "a" 通道进行柔光模式的设置，增强了画面的红绿色调浓度。

查看应用图像效果

步骤10：调整图层不透明度。

❶ 在 "图层" 面板中，调整 "图层2" 图层的不透明度为50%，填充不透明度为50%。

❷ 设置后查看画面中复制的人物图像呈半透明效果。

❷ 查看不透明效果

❶ 设置

不透明度：50%

填充：50%

步骤11：设置矩形选区。

❶ 选择工具箱中的 "矩形选框工具"，在画面中绘制一个比画面大小稍小的矩形选区。

❷ 单击工具箱底部的 "以快速蒙版模式编辑" 按钮▢，将编辑方式设置为快速蒙版编辑状态。

设置快速蒙版区域

172

步骤12：添加滤镜命令。

❶ 执行"滤镜>画笔描边>喷溅"菜单命令，打开"滤镜库"对话框，在"喷溅"滤镜选项中设置喷色半径为23，平滑度为5。

❷ 设置完成后单击"确定"按钮。

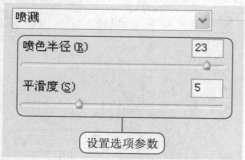

设置选项参数

步骤14：退出快速蒙版并填充选区。

❶ 在工具箱中单击"以标准模式进行编辑"按钮，退出快速蒙版编辑状态，画面中出现带有锯齿的边缘选区。

❷ 新建一个图层，使用黑色为选区进行填充，设置斑驳的边框效果。

查看填充选区效果

步骤13：查看添加滤镜效果。

在画面中查看在快速蒙版编辑模式下添加"喷溅"滤镜后的效果。

查看添加滤镜效果

步骤15：调整图层混合模式添加文字。

❶ 将"图层3"图层的混合模式设置为"饱和度"模式。

❷ 使用"横排文字工具"在画面中添加合适的文字信息，并进行文字属性设置。

调整图层属性效果

11.3.2 仿老电影效果制作

炎热的太阳，浓烈的棕黄色调将老电影的场景完美呈现。本实例通过对多个图层混合模式的层叠设置以及对部分选区区域的选择，快速打造仿老电影的场景特效。具体步骤如下。

步骤1：打开素材并复制多个图层。

❶ 打开随书光盘\素材\11\8.JPG素材文件。

❷ 将"背景"图层拖曳至"创建新图层"按钮上，为"背景"图层创建2个图层副本。

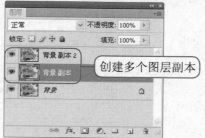

创建多个图层副本

173

步骤2：设置图层属性。

① 选择"背景副本"图层，执行"图像>调整>反相"菜单命令。

② 调整"背景副本"图层的混合模式为"颜色"模式，调整图层的不透明度为60%。

颜色　　　　　　不透明度：60%

步骤4：添加填充图层。

① 在"图层"面板上，创建一个"颜色填充"调整图层，设置填充颜色为70、50、8。

② 设置完成后单击"确定"按钮。

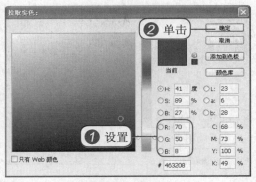

步骤6：调整亮度/对比度。

在"图层"面板中再添加一个"亮度/对比度"调整图层，勾选"使用旧版"复选框，调整亮度为18，对比度为45。

步骤3：调整图层混合模式。

① 设置"背景副本2"图层的混合模式为"滤色"模式，设置不透明度为60%。

② 在画面中查看设置多个图层副本后的效果，降低了原有的饱和度。

② 查看设置图层效果

① 设置图层属性

滤色　　　　　　不透明度：60%

步骤5：调整混合模式。

① 在"图层"面板中，调整图层的混合模式为"强光"模式。

② 在画面中查看调整填充图层混合模式后的效果。

② 查看设置图层效果

① 设置

强光

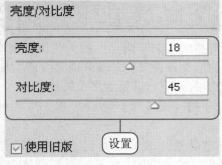

亮度/对比度

亮度：　　　　　　　　18

对比度：　　　　　　　45

☑ 使用旧版　　　设置

174

步骤7：盖印图层。

❶ 在"亮度／对比度"调整图层上按 Shift+Ctrl+Alt+E快捷键盖印一个可见图层"图层1"。

❷ 查看画面中盖印可见图层的图像效果。

❷ 查看盖印图层效果

❶ 盖印可见图层

步骤9：复制和填充图层。

❶ 将上一步设置选区复制并粘贴至新图层"图层2"中。

❷ 按住Ctrl键的同时单击"创建新图层"按钮，新建一个图层，填充图层为白色。

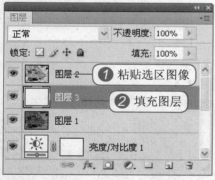

❶ 粘贴选区图像

❷ 填充图层

步骤11：调整亮度/对比度。

在"图层2"图层上，添加一个"亮度／对比度"调整图层，设置亮度为-15，对比度为30。

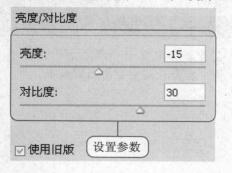

亮度/对比度

亮度：　　　　　　　　-15

对比度：　　　　　　　30

☑使用旧版　　设置参数

步骤8：载入选区并设置。

❶ 在"图层1"上，按Shift+Ctrl+Alt+2快捷键，载入中间调图像选区。

❷ 执行"选择>反选"菜单命令，将载入的图像选区反向选择。

查看载入选区效果

步骤10：查看图像效果。

根据上一步对选区图像进行复制和新图层的填充，查看画面中的图像效果。

查看填充图层效果

步骤12：查看调整后的效果。

在画面中查看进一步调整图像亮度／对比度后的效果。

查看调整亮度效果

175

—···知识进阶：HDR高动态范围照片效果制作···—

　　广泛应用于数码照片处理的HDR高动态范围照片，可以将整个画面中的图像对比度设置为极致，包括画面中的高光以及暗部的细节都能够一一显现，呈现特殊的视觉冲击效果。具体的制作过程如下。

光盘	第 11 章 \HDR 高动态范围照片效果制作

❶ 执行"文件>打开"菜单命令，打开随书光盘\素材\11\9.JPG素材文件，复制"背景"图层至"背景副本"图层。

查看素材图像效果

❷ 执行"滤镜>其他>高反差保留"菜单命令，打开"高反差保留"对话框。设置半径值为1.0像素，设置完成后单击"确定"按钮，再调整"背景副本"图层的混合模式为"叠加"模式。

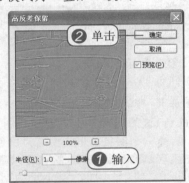

❸ 在"图层"面板中，选择"背景副本"图层，按Ctrl+J快捷键2次，再创建2个"背景副本"图层副本。

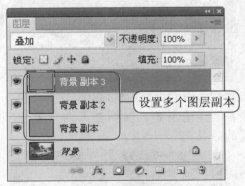
设置多个图层副本

❹ 按Shift+Ctrl+Alt+E快捷键盖印一个可见图层"图层1"，在画面中查看盖印的图层效果。

❶ 盖印
❷ 查看盖印图层效果
图层 1

❺ 在"图层1"图层上，添加一个"黑白"调整图层，设置颜色浓度分别为40、60、40、80、20、40。

❻ 在画面中根据上一步添加的"黑白"调整图层查看调整后的画面效果。

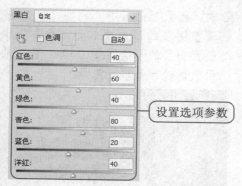

设置选项参数

查看黑白图像效果

⑦ 调整上一步添加的"黑白"调整图层的混合模式为"正片叠底"模式，在调整图层的图层蒙版上，使用黑色的画笔进行涂抹，在画面中涂抹汽车的外形，将黑白调整效果仅应用在背景图像上。

⑧ 在画面中查看通过对"黑白"调整图层进行图层蒙版的添加后，画面中的汽车和背景对比效果明显。

涂抹图层蒙版

查看涂抹蒙版效果

⑨ 在"黑白1"调整图层上，添加一个"色阶"调整图层，设置输出色阶值为0、2.06、173。

⑩ 将"色阶1"调整图层的图层蒙版填充为"黑色"，选择"画笔工具"，设置前景色为白色，在图层蒙版中对画面中的树木等背景位置进行涂抹，将背景图像的细节表现出来。

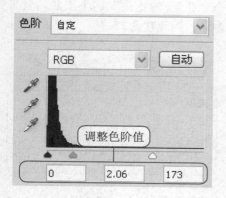

调整色阶值

① 涂抹

② 查看涂抹蒙版效果

色阶 1

177

⑪ 在"色阶1"调整图层上，再添加一个"渐变映射"调整图层，设置渐变映射的渐变为由黑至白。

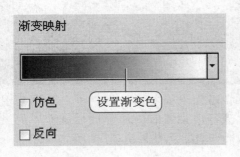

⑫ 在"图层"面板中，调整"渐变映射1"调整图层的混合模式为"叠加"模式，设置图层的不透明度为30%，设置后的画面效果暗部效果更浓烈。

⑬ 在"渐变映射1"调整图层上，添加一个"可选颜色"调整图层，设置"黄色"颜色浓度为0%、0%、+22%、+66%，设置"青色"颜色浓度为+100%、0%、0%、+100%。

⑭ 继续调整"蓝色"颜色浓度为+100%、0%、0%、+100%，调整"中性色"颜色浓度为0%、0%、0%、-50%。

⑮ 在"图层"面板中，调整"选取颜色1"调整图层的混合模式为"浅色"模式，查看在画面设置后的图像效果。

⑯ 在"选取颜色1"调整图层之上再添加一个"亮度/对比度"调整图层，设置亮度为50，对比度为28。

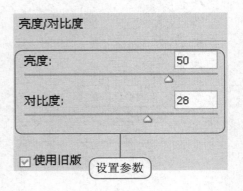

178

⑰ 在"图层"面板中，按住Alt键的同时拖曳"黑白1"调整图层蒙版，将其拖曳至"亮度/对比度1"调整图层上将该图层蒙版进行替换，再调整"亮度/对比度1"调整图层的混合模式为"颜色减淡"模式，设置不透明度为60%。

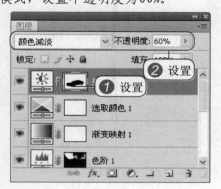

⑱ 根据上一步对部分图像的亮度/对比度进行设置后，完成本实例的制作。

查看提升亮度效果

179

读书笔记

Chapter 12

天马行空的想象

——数码照片的合成应用

要点导航

了解图层在合成中的应用
认识蒙版和通道的用法
设置人物脸部的合成应用
设置多个素材的合成制作

　　数码照片合成应用包括多种照片的合成技法，即多个图层之间的层叠、图像的拼贴操作以及图像的抠图等。

　　在Photoshop中，可以通过"图层"中的图层混合模式进行图层的层叠，通过通道进行多种形式的图像混合，应用图层蒙版将图像抠出并对多个图像进行组合设置，从而完成设置天马行空的合成效果制作。

<table>
<tr><td rowspan="2">12.1
难度水平
◆◆◆◇◇</td><td>合成之前的技术指导</td><td>关键字
图层的设置、设置通道、蒙版的添加</td></tr>
<tr><td colspan="2">视频学习   光盘\第12章\12-1-1 "图层"功能解析、12-1-2 "通道"和"蒙版"的组合</td></tr>
</table>

对数码照片进行合成制作，需要首先了解常用图像合成的工具和面板。图层面板的应用可以用于多个图像的组合，通过通道和蒙版面板的应用可以将特殊的图像进行自然的融合，打造特殊的图像效果。

12.1.1 "图层"功能解析

图层的操作是广泛用于图像处理的基本操作，在"图层"面板中通过多个图层的层叠操作，设置不同的图像效果，进行图形图像的叠加操作或是对图像的部分进行保留和遮盖。下面具体介绍通过多个图层的层叠操作进行图像的合成效果。

步骤1： 打开素材图像。

执行"文件>打开"菜单命令，打开随书光盘\素材\12\1.JPG素材文件。

步骤2： 全选图像并复制。

① 打开随书光盘\素材\12\2.JPG素材文件。

② 执行"选择>全选"菜单命令，将素材文件中的图像全选，按Ctrl+C快捷键将全选图像拷贝至剪贴板。

查看素材图像效果

查看全选图像效果

步骤3： 执行菜单命令。

选择步骤1中打开的人物素材，执行"编辑>粘贴"菜单命令，将上一步复制到剪贴板的图像粘贴至人物图像中。

步骤4： 变换素材图像大小。

按Ctrl+T快捷键打开"自由变换"工具，在选项栏中选择变换的中心点在左上角位置，调整变换的宽度和高度百分比。

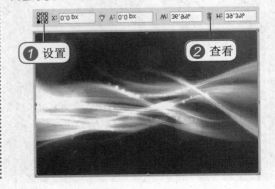

182

步骤5：调整图层混合模式。

在"图层"面板中，调整"图层1"图层的混合模式为"滤色"模式。

步骤6：查看图像合成效果。

在画面中查看通过添加的花纹图层后的合成效果。

查看图层滤色效果

12.1.2 "通道"和"蒙版"的组合

"通道"和"蒙版"面板的组合将是设置图像合成的重要组成部分。在"通道"中可以多种形式的选区效果，为图像打造多种特殊的纹理效果，而"蒙版"的应用则可以为图像的显示和隐藏提供帮助，可以创建部分图像的显示和隐藏操作。下面将介绍通过"通道"和"蒙版"进行图像合成的具体操作步骤。

步骤1：复制并变换素材图像。

打开随书光盘\素材\12\3.JPG、4.JPG两个素材文件，将4.JPG文件复制并粘贴至3.JPG图像文件中，调整图像的大小与页面大小相同。

复制并变换图像

步骤2：创建新通道。

❶ 执行"窗口>通道"菜单命令，打开"通道"面板。

❷ 在面板底部单击"创建新通道"按钮 ，创建一个Alpha通道。

单击

步骤3：查看创建的Alpha通道。

在通道面板中，查看上一步单击"创建新通道"按钮后创建的"Alpha 1"通道。

步骤4：创建径向渐变。

❶ 在工具箱中单击"渐变工具"按钮 ，选中"渐变工具"，按D快捷键设置前景色和背景色为默认色，单击"径向渐变"按钮 。

❷ 在"Alpha 1"通道中拖曳创建径向渐变。

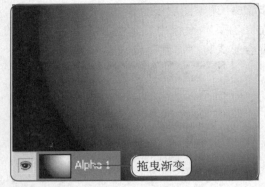

拖曳渐变

步骤5：添加彩色半调滤镜。

在"Alpha 1"通道中，执行"滤镜>像素化>彩色半调"菜单命令，打开"彩色半调"对话框，设置最大半径为10像素，其他通道网角为0，设置后单击"确定"按钮。

彩色半调

最大半径(R)：	10	(像索)	② 单击 确定
网角(度)：			取消
通道1(1)：	0	① 设置	默认(D)
通道2(2)：	0		
通道3(3)：	0		
通道4(4)：	0		

步骤7：设置图层蒙版。

① 返回"图层"面板，按住Alt键的同时单击"添加图层蒙版"按钮，为"图层1"添加一个图层蒙版。

② 在画面中查看添加图层蒙版效果。

步骤6：查看载入通道选区效果。

① 在通道中查看根据上一步添加的"颜色半调"滤镜后的画面效果，在按住Ctrl键的同时单击"Alpha 1"通道缩略图。

② 在画面中查看载入通道选区后的效果。

② 载入通道选区效果

① 单击

步骤8：涂抹图层蒙版。

① 选择工具箱中的"画笔工具"，设置画笔的不透明度为50%。

② 在"图层1"图层的图层蒙版上进行涂抹，擦除部分图像以显示人物的脸部位置图像。

② 查看添加图层蒙版效果

① 添加图层蒙版

② 查看涂抹蒙版后的效果

不透明度：50% → ① 设置

12.2 人像数码照片合成

难度水平
◆◆◆◆◇

视频学习 光盘\第12章\12-2-1为人物添加个性纹身、12-2-2换脸合成艺术、12-2-3艺术照片的合成制作

　　人像数码照片的合成包括了对人像添加特色标识，在人物图像中进行其他图像素材的添加，通过对部分图像的变换设置打造神奇的换脸效果，再进一步对图像的色彩和色调的变换，设置合成后的自然效果。

12.2.1 为人物添加个性纹身

　　为人物添加个性纹身首先需要对纹身的素材进行设置，将素材的纹身图像抠出后进行图像大小和形状的变形，将纹身图案贴合在人物身体特定位置，再为添加的纹身图像进行色彩添加和变换，使纹身效果与人物皮肤自然地贴合。下面介绍具体的制作过程。

步骤1： 打开素材图像并载入图像。

❶ 打开随书光盘\素材\12\5.JPG、6.JPG两个素材文件。

❷ 在6.JPG花纹素材中，使用"魔棒工具"将背景的白色选区选中后，执行"选择>反向"菜单命令，反向选择花纹图像。

步骤2： 复制花纹图像并变形。

在6.JPG素材中将上一步载入的花纹选区进行复制，再选中5.JPG素材文件，将花纹图像添加至"图层1"中，按Ctrl+T快捷键打开"自由变换"工具，缩小素材图像并调整到画面合适位置。

❷ 设置选区

❶ 查看素材图像效果

变换图像

步骤3： 对图像进行变形。

单击选项栏中的"在自由变换和变形模式之间切换"按钮，打开"变形"变换框，调整边框句柄对纹身图像进行细节的变换，设置纹身图形贴合于人物手臂皮肤。

变形图像

185

步骤4：调整图层不透明度。

❶ 在"图层"面板中，调整"图层1"图层的不透明度为60%。

❷ 查看调整图层不透明度后的图像效果。

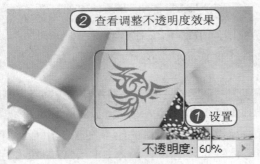

步骤6：查看调整后的效果。

在画面中查看添加"色相/饱和度"调整图层后的效果。

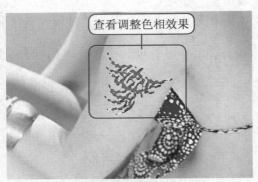

步骤8：编组并设置图层组。

❶ 在"图层"面板中，选中除"背景"图层外的3个图层进行编组。

❷ 调整图层组的混合模式为"线性加深"。

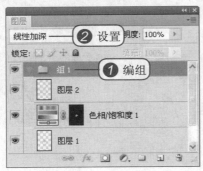

步骤5：调整图像色相。

按Ctrl键的同时单击"图层1"图层缩略图，载入纹身图像选区，打开"调整"面板，添加一个"色相/饱和度"调整图层，调整色相值为-51。

步骤7：复制图像选区设置图层属性。

❶ 在"背景"图层上复制选区图像至新图层"图层2"中。

❷ 调整"图层2"图层的混合模式为"点光"模式，再调整不透明度为20%。

步骤9：查看添加纹身效果。

根据上一步对图层组的混合模式进行调整后，查看设置后的纹身更贴合于人物皮肤。

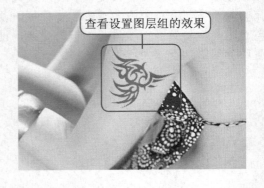

提示：混合模式的不同类型

在通过调整图层的"混合模式"对图像进行合成时，混合模式的通过可以分为多种类型进行，可以实现图像的相加、相减，可以设置色调的统一和交错效果。

12.2.2 换脸合成艺术

在人物合成实例中，为人物照片进行变脸的合成技术将帮助读者更进一步了解蒙版的应用以及光线照射所产生的明暗变化，这些内容的设置将是进行自然合成技术中的关键技法。下面将具体介绍对人物进行换脸合成的步骤。

步骤1：打开素材文件。

执行"文件>打开"菜单命令，打开随书光盘\素材\12\7.JPG素材文件。

查看素材图像效果

步骤2：选择部分素材图像。

❶ 打开随书光盘\素材\12\8.JPG素材文件。

❷ 选择工具箱中的"套索工具" ，在选项栏中设置羽化为5px，在画面中选取人物脸部图像。

设置选区

步骤3：复制图像并进行变换。

❶ 根据上一步选择的图像选区，拷贝选区图像至剪贴板中。

❷ 打开7.JPG素材文件，将复制的选区图像粘贴至新图层中，打开"自由变换"工具进行位置和大小的设置。

变换图像

步骤4：涂抹脸部图像进行融合。

❶ 为"图层"图层添加图层蒙版，选择黑色的画笔在图层蒙版中进行涂抹。

❷ 在画面中查看为添加的人物脸部图像贴合至底图效果。

❶ 涂抹

图层 1

背景

❷ 查看涂抹蒙版效果

步骤5：调整色彩平衡。

在"图层1"上添加一个"色彩平衡"调整图层，设置阴影的色调值为-5、+8、0。

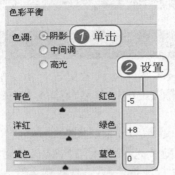

步骤6：继续设置色彩平衡。

继续在上一步添加的"色彩平衡"调整图层上进行中间调色调的设置，值为-9、-13、+6。

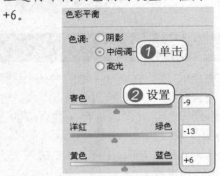

步骤7：为调整图层添加蒙版。

在画面中查看通过以上两个步骤进行色调变换后，在"色彩平衡"调整图层上填充黑色，并选择白色的画笔在蒙版中进行涂抹，保留脸部位置的色调变换。

步骤8：添加可选颜色调整图层。

❶ 在"色彩平衡"调整图层上，添加一个"可选颜色"调整图层，选择"黄色"可选颜色。

❷ 设置颜色浓度分别为0%、0%、0%、-90%。

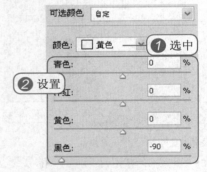

步骤9：继续调整可选颜色。

继续在"可选颜色"调整图层中，设置"绿色"可选颜色浓度为-40%、0%、-51%、-100%。

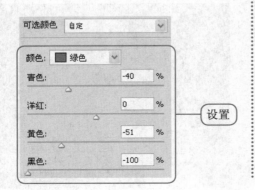

步骤10：复制蒙版。

按住Alt键的同时拖曳"色彩平衡"调整图层蒙版缩略图，复制蒙版至"选取颜色"调整图层上。

步骤11：执行菜单命令。

在"选取颜色"调整图层再添加一个"色阶"调整图层，设置输出色阶值为0、0.81、255。

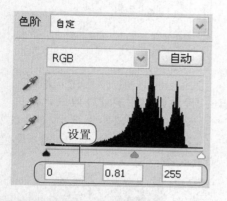

步骤12：新建图层。

❶ 同样地，在"色阶1"图上粘贴与"选取颜色"调整图层相同的图层蒙版。

❷ 新建一个图层"图层2"，使用黑色的画笔在人物右侧脸部进行涂抹，添加阴影效果。

12.2.3 艺术照片的合成制作

艺术照片的合成包括了对原始照片的色调和影调调整，通过对水晶灯的抠图操作设置宫廷感觉的艺术照片合成效果，设置后的照片效果显得色调浓郁并带有沉稳的气息。具体的制作步骤如下。

步骤1：打开素材文件。

执行"文件>打开"菜单命令，打开随书光盘\素材\12\9.JPG素材文件。

步骤3：设置图层属性。

❶ 在"图层"面板中，调整"黑白1"调整图层的混合模式为"变暗"。

❷ 选择黑色的画笔在图层蒙版中人物图像位置进行涂抹，将黑白调整效果设置在背景图像上。

步骤2：添加黑白调整图层。

在"背景"图层上添加"黑白"调整图层，设置"黑白"调整选项的值分别为40、60、40、-80、20、-40。

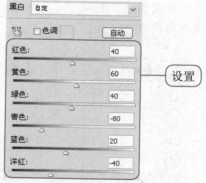

步骤4：设置图层属性。

❶ 在"图层"面板中，复制"黑白1"调整图层。

❷ 调整"黑白 1 副本"调整图层的混合模式为"正片叠底"模式。

② 查看调整图层属性效果

① 设置

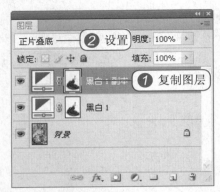

② 设置

① 复制图层

步骤5： 添加调整自然饱和度。

在"黑白1副本"调整图层上添加一个"自然饱和度"调整图层，设置自然饱和度的值为-45。

步骤6： 设置调整图层蒙版效果。

在"自然饱和度"调整上复制"黑白1 副本"的图层蒙版，再执行"图像>调整>反相"菜单命令。

反相图层蒙版

步骤7： 调整曲线进行设置。

在"自然饱和度"调整图层上添加一个"曲线"调整图层分别对"绿"通道和"红"通道的曲线进行变换。

步骤8： 设置图层属性。

❶ 调整"曲线"调整图层的混合模式为"柔光"，调整图层不透明度为30%。

❷ 按Shift+Ctrl+Alt+E快捷键盖印一个可见图层为"图层1"图层。

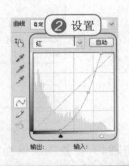

① 设置　② 设置

② 查看调整图层属性效果

① 设置

提示： 图层蒙版的复制和替换

　　在进行合成图像的色调或影调变换时，通常会对部分图像的色调和影调进行调整图层的添加，对某一位置的图像设置图层蒙版后可以将蒙版进行复制和粘贴至其他调整图层上，从而减少重复涂抹蒙版操作的麻烦。

步骤9：打开素材文件。

执行"文件>打开"菜单命令，打开随书光盘\素材\12\10.JPG素材文件。

步骤10：载入选区。

❶ 单击工具箱中的"魔棒工具" ✎，在选项栏中设置容差为30，单击"添加到选区"按钮 ▢，多次单击背景图像，载入背景选区后，再对选区进行反选。

❷ 将载入的水晶灯选区保存至通道中。

查看素材图像效果

❶ 设置选区

❷ 保存至通道

Alpha 1

步骤11：复制并变换素材图像。

对上一步载入的水晶灯选区图像进行复制，再粘贴至人物素材文件中，打开"自由变换"工具对水晶灯进行大小的设置，设置按Enter键确定变换。

步骤12：设置图层属性。

将设置一部分设置灯饰图层创建一个副本，设置图层副本的混合模式为"滤色"，不透明度为80%。

变换图像

❷ 查看设置图层效果

❶ 设置图层属性

滤色 | 不透明度：80%

步骤13：添加合适文字。

❶ 选择工具箱中的"横排文字工具"，在画面合适位置单击，添加文字。

❷ 在图层蒙版中调整文字的不透明度为60%，设置后选择"移动工具"进一步调整文字的位置即可。

设置

不透明度：60%

191

12.3 人物与场景的数码合成

关键字
精细抠图、柔和边缘的融合

难度水平
◆◆◆◆◇

视频学习 光盘\第12章\12-3-1合成游戏人物效果、12-3-2合成旅行宣传单

使用通道中对图像进行精细的抠图方法，设置人物与环境场景的完美融合，对细节色彩的添加应用不同的选项设置，通过对部分图的明暗和色调的变换，使人物的颜色属性与环境颜色属性类似。

12.3.1 合成游戏人物效果

在将人物与游戏场景合成之前，需要对素材的人物进行精细的抠图操作，将素材人物的头发、服饰等细节部分完全抠出，再通过色阶对人物的皮肤色彩进行具体的设置。下面介绍详细的制作过程。

步骤1：打开素材文件。

执行"文件>打开"菜单命令，打开随书光盘\素材\12\11.JPG素材文件，为"背景"图层创建一个图层副本。

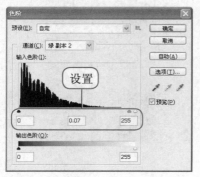

查看素材图像效果

步骤2：对通道进行复制。

❶ 在"通道"面板中，拖曳"绿"通道至"创建新图层"按钮上.

❷ 复制"绿"通道，创建"绿 副本"通道。

步骤3：为通道设置色阶。

在"绿 副本"通道上，执行"图像>调整>色阶"菜单命令，打开"色阶"对话框，设置输出色阶值为0、0.07、255。

步骤4：查看通道图像效果。

在"绿 副本"通道中根据上一步添加"色阶"命令后，通道中将清晰显示素材人物的轮廓效果。

查看通道图像效果

步骤5：载入通道选区并进行设置。

❶ 载入"绿 副本"的选区后，按住Alt键的同时单击"添加图层蒙版"按钮 ，为"背景副本"图层添加图层蒙版。

❷ 将"背景"图层隐藏后可以看到抠出的图像效果。

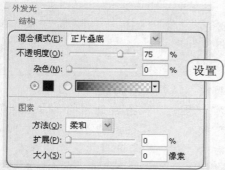

步骤7：执行菜单命令。

复制一个人物图层，为图层副本添加"外发光"图层样式，设置混合模式为"正片叠底"，颜色为黑色，扩展和大小均为0，设置完成后单击"确定"按钮。

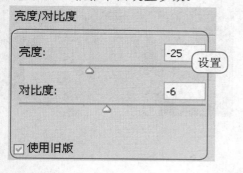

步骤9：调整图像亮度。

在"图层1副本"图层上，添加"亮度/对比度"调整图层，根据下图设置参数。

步骤6：为背景素材添加人物。

❶ 打开随书光盘\素材\12\12.JPG素材文件。

❷ 根据上一步抠出的人物图像复制到场景文件中，调整人物图像至合适位置。

步骤8：设置图层蒙版。

在"图层1副本"图层上，载入该图层的选区后添加图层蒙版，执行"滤镜>模糊>模糊"菜单命令，为图层蒙版添加设置模糊效果。

步骤10：设置图层蒙版。

复制"图层1副本"图层蒙版至"亮度/对比度1"调整图层。

步骤11：编组并盖印图层。

❶ 在"图层"面板中，隐藏"背景"图层并将其他图层选中并编组，盖印一个可见图层为"图层2"。

❷ 在画面中查看盖印的人物图像效果。

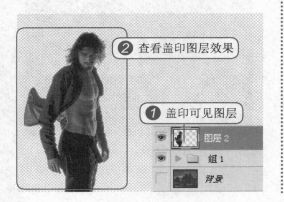

步骤12：设置颜色。

❶ 将背景图层显示，为"图层2"图层执行"图像>调整>色阶"菜单命令，在"色阶"对话框中单击"选项"按钮，打开"自动颜色校正选项"对话框，分别设置"目标颜色和剪贴"的颜色为R0、G0、B0，R56、G1、B1，R254、G217、B5。

❷ 设置后单击"确定"按钮。

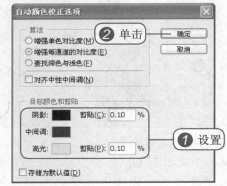

▶ **你问我答**

　　问：什么是自动颜色校正选项设置？

　　答：自动颜色校正选项控制"色阶"和"曲线"命令中的自动色调和颜色校正。此外，还控制"自动色调"、"自动对比度"和"自动颜色"命令的设置。自动颜色校正选项允许指定阴影和高光修剪的百分比，并为阴影、中间调和高光指定颜色值。

步骤13：涂抹图层蒙版。

根据上一步对盖印的图层添加色彩后，为盖印图层添加一个图层蒙版，将人物皮肤之外的位置全部涂抹，保留人物皮肤的金属感。

步骤14：调整图层属性。

调整"图层2"图层的混合模式为"线性光"模式，设置图层的不透明度为70%，设置后的人物色彩与背景场景色调基本一致。

步骤15：添加渐变映射调整图层。

在"图层2"图层上，添加"渐变映射"调和图层，设置渐变映射的颜色渐变为由黑至白，添加后再调整图层的混合模式为"滤色"模式。

步骤16：添加文字属性。

使用"横排文字工具"，在画面添加合适的文字信息，选择多个文字图层的对齐方式为"左对齐"。

12.3.2 合成旅行宣传单

在对旅行的数码照片进行合成制作之前，需要选择合适角度的拍摄素材，通过"色阶"和"自然饱和度"的调整，可以将人物和风景照片的色调进行统一设置。下面具体介绍制作合成旅行宣传单的步骤。

步骤1：打开素材文件。

执行"文件>打开"菜单命令，打开随书光盘\素材\12\14.JPG素材文件。

查看素材图像效果

步骤2：绘制人物轮廓选区。

❶ 打开随书光盘\素材\12\13.JPG素材文件。

❷ 选择工具箱中的"套索工具"在选项栏中设置羽化值为5，再绘制合适的选区。

绘制选区

步骤3：添加和变换素材人物。

复制上一步设置的人物选区图像至风景素材文件中，打开"自由变换"工具进行人物图像位置和大小的变换。

步骤4：为人物添加图层蒙版。

在变换后的人物图层上，添加一个图层蒙版，选择较小的黑色画笔在人物轮廓进行涂抹，将人物自然融合在背景中。

步骤5：添加色阶调整图层。

在"图层1"图层上添加一个"色阶"调整图层，设置输出色阶值为12、1.57、255。

步骤6：涂抹色阶图层蒙版。

❶ 在"色阶"图层蒙版使用黑色的画笔进行图层，将人物图像位置的区域进行涂抹。

❷ 在画面中查看仅提亮背景图像亮度的画面效果。

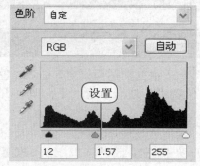

步骤7：调整图像饱和度。

在"色阶"调整图层上，添加"自然饱和度"调整图层，设置自然饱和度的值为-30。

步骤8：复制图层。

❶ 为"自然饱和度"调整图层复制并替换"色阶"图层蒙版，再为图层蒙版进行"反相"操作。

❷ 查看画面中降低人物图像饱和度的效果。

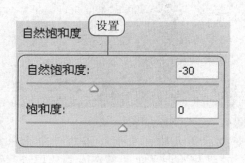

196

步骤9：选择图形并设置绘制属性。

❶ 单击工具箱中的"多边形工具"按钮，再单击选项栏中的"填充像素"按钮，打开"自定形状"拾色器，选择合适的图形按钮。

❷ 新建图层，根据上一步选择的形状进行图形的创建，为绘制的形状进行水平翻转后设置合适的大小和位置。

步骤10：添加文字。

❶ 为绘制的图形图层执行"编辑>描边"菜单命令，设置描边宽度为2px，颜色为黑色，位置为居中。

❷ 使用"横排文字工具"添加合适的文字信息并调整文字的大小和位置。

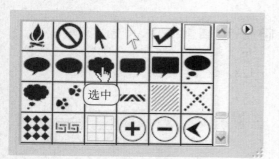

知识进阶：科幻人物的合成制作

通过"通道"中Alpha通道的渐变填充和"凸出"滤镜的添加，再添加"阈值"调整命令，设置带有发散效果的方块图像。通过添加"投影"图层样式，可以打造立体的人物皮肤效果，设置后通过图层蒙版的组合为镂空的皮肤打造精美的光影效果。具体的制作过程如下。

光盘	第12章 \ 科幻人物的合成制作

❶ 执行"文件>打开"菜单命令，打开随书光盘\素材\12\15.JPG素材文件。

查看素材图像效果

❷ 打开"通道"面板，单击"创建新通道"按钮，新建一个"Alpha 1"通道。

❸ 选择工具箱中的"渐变工具"，设置由白至透明渐变，单击选项栏中的"径向渐变"按钮，为"Alpha 1"通道添加径向渐变。

❹ 选中"Alpha 1"通道后，执行"滤镜>凸出"菜单命令，设置类型为"块"，大小和深度均为30，设置后单击"确定"按钮。

197

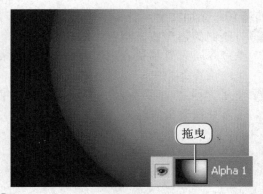

拖曳

Alpha 1

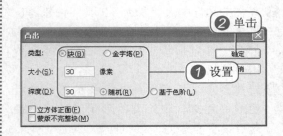

2 单击

凸出

类型: ⊙块(B)   ○金字塔(P)   确定

大小(S): 30   像素   取消

1 设置

深度(D): 30   ⊙随机(R)   ○基于色阶(L)

□立方体正面(F)
□蒙版不完整块(M)

❺ 为"Alpha 1"通道添加"凸出"滤镜后,再按Ctrl+F快捷键多次重复执行"滤镜>凸出"菜单命令。

❻ 执行"图像>调整>阈值"菜单命令,打开"阈值"对话框,设置阈值色阶为128,设置后单击"确定"按钮。

查看添加滤镜效果

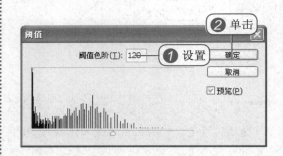

2 单击

阈值

阈值色阶(T): 128   1 设置   确定

取消

☑预览(P)

❼ 在画面中查看根据上一步进行设置阈值命令后,设置图像的块状效果,按Ctrl键的同时单击通道缩略图,载入通道选区。

❽ 根据上一步载入的通道选区,为"背景副本"图层添加一个图层蒙版。取消蒙版的链接后,使用"移动工具"调整蒙版的位置后再添加一个图层副本,右击蒙版,在弹出的菜单中选择"应用图层蒙版"菜单命令。

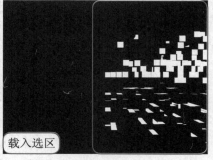

载入选区

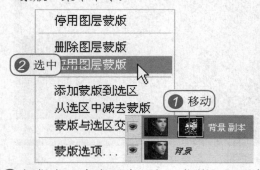

停用图层蒙版

删除图层蒙版

2 选中   应用图层蒙版

添加蒙版到选区   1 移动

从选区中减去蒙版

蒙版与选区交   背景 副本

蒙版选项...   背景

❾ 为"背景副本"图层添加"投影"图层样式,设置投影的角度为30度,距离为10像素,大小为10像素。

❿ 根据上一步为图像添加"投影"图层样式,画面中的人物皮肤呈现斑驳的块状效果,再载入"背景副本2"图层的选区。

⑪ 根据上一步载入的块状选区，选择"背景"图层复制选区中的图像至剪贴板，再粘贴选区图像至新的图层"图层1"，调整图层的混合模式为"柔光"模式。

设置

柔光

⑬ 单击人物素材文件，按Ctrl+D快捷键将剪贴板中的图像粘贴至画面中，再打开"自由变换"工具将图像调整至画面大小，再按Enter键确认变换。

查看添加选区图像效果

⑫ 执行"文件>打开"菜单命令，打开随书光盘\素材\12\16.JPG素材文件。打开"通道"面板，按住Ctrl键的同时单击"红"通道缩览图，载入"红"通道选区后复制选区图像至剪贴板。

2 查看载入通道选区　　1 单击

199

⑭ 在"图层"蒙版中，载入"背景副本2"图层的蒙版选区，为"图层1"图层添加图层蒙版，再使用黑色的画笔在图层蒙版中进行涂抹，设置部分流动光线效果，再调整图层的混合模式为"强光"模式。

2 查看涂抹蒙版效果

1 涂抹

图层1

⑮ 在"图层"面板中,复制"图层1"图层为"图层1副本"图层,调整副本图层的混合模式为"线性光"模式。

⑯ 在画面中查看对上一步设置图层混合模式后的流动的光影效果,色彩更绚丽。至此完成了本实例的制作。

查看光影效果

实际应用需要
——数码照片的展示和输出

要点导航

为照片添加水印效果
设置数字化的装裱
存储为 Web 网页格式
设置照片的输出和打印

数码照片进行后期效果处理后，需要对照片进行输出和打印以进行展示和应用。在输出照片时，添加小印和设置版权能够很好地维护作者的权利。

为了更好地展示数码照片效果，需要选择合适的输出方式和存储格式。在对作品进行打印方面，Photoshop 提供了人性化的打印选项设置，用户可以根据需要选择部分图像进行打印，并可以自由地对打印尺寸进行调整和组合，从而帮助用户更好地展示作品。

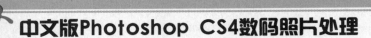

13.1 添加水印和版权信息

关键字
设定版权信息、数码装裱技术

难度水平
◆◆◆◇◇

视频学习 光盘\第13章\13-1-1使用"自定画笔"设定版权信息、13-1-2嵌入Digimarc数码版权信息、13-1-3专业的数码装裱技术

　　在数码照片中添加特殊的字符或是图案信息可以达到图像真伪鉴别、版权保护等功能。水印和版权信息的添加不仅保障了摄影者的作品版权，还能够充分体现摄影者的个性品味。

13.1.1 使用"自定画笔"设定版权信息

　　"自定画笔"命令是将自定义设置的版权信息图像定义为画笔，通过"画笔工具"在作品上进行版权图像的添加即可。具体的设置步骤如下。

步骤1： 吸取颜色作为选区。

❶ 打开随书光盘\素材\13\1.JPG素材文件。

❷ 执行"选择>色彩范围"菜单命令，打开"色彩范围"对话框，使用"吸管工具"在画面中吸取颜色信息。

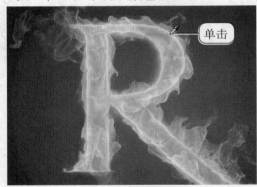

单击

步骤3： 执行菜单命令。

在"编辑"菜单中，选择"定义画笔预设"菜单命令。

单击

步骤2： 调整颜色容差。

❶ 在"色彩范围"对话框中，调整颜色容差为200。

❷ 在下方的选择缩览框中查看选择的效果。

❶ 输入

❷ 查看

步骤4： 设置画笔名称。

❶ 在打开的"画笔名称"对话框中，输入自定义的画笔名称为"R字样"。

❷ 设置后单击"确定"按钮。

❷ 单击

❶ 输入

步骤5：选择自定的画笔。

❶ 在工具箱中选择"画笔工具"，打开"画笔"选取器面板，在画笔列表中选择上一步自定义的画笔。

❷ 调整画笔的主直径为200px。

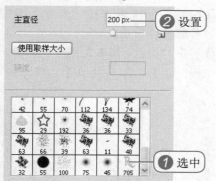

步骤6：添加自定义的水印效果。

❶ 打开随书光盘\素材\13\2.JPG素材文件。

❷ 在图层面板中新建一个图层，在"图层1"上使用上一步设置好的画笔单击，为照片添加水印效果。

查看添加水印效果

13.1.2 嵌入Digimarc数码版权信息

在图像中嵌入数字水印可使查看者获得有关图像创作者的信息，这对于将作品授权给他人的图像创作者特别有价值。使用Digimarc添加版权保护可以给数字图像进行水印的读取和嵌入。下面介绍为素材图像进行嵌入水印的具体操作步骤。

步骤1：打开素材执行命令。

❶ 打开一张需要嵌入水印的素材图像，执行"滤镜>Digimarc>嵌入水印"菜单命令，打开"嵌入水印"对话框。在该对话框中输入版权年份并勾选复选框选项。

❷ 设置水印的耐久性为4，设置完成后单击"好"按钮。

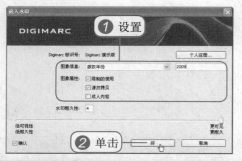

步骤2：嵌入水印验证。

❶ 根据上一步对版权信息进行确认后，在"嵌入水印：验证"对话框中，查看设置的选项。

❷ 水印的验证完成后单击"好"按钮即可。

提示：文件压缩之后水印不会消失

一般来说，使用有损压缩方法（如JPEG）后Digimarc水印会保留下来，但建议首先考虑图像品质，然后再考虑文件大小（4或更高的JPEG压缩设置效果最佳）。此外，嵌入水印时选取的"水印耐久性"设置越高，数字水印在压缩后仍存在的可能性就越大。

13.1.3　专业的数码装裱技术

　　装裱就是将绘画作品或数码照片的边缘添加画框，方便对作品进行观赏、保存和携带。而利用 Photoshop 可以为数码照片进行边框的添加的操作。具体的操作步骤如下。

步骤1： 选择工具。

❶ 打开随书光盘\素材\13\3.JPG素材文件，为"背景"图层添加一个图层副本。

❷ 在工具箱中单击"裁剪工具"按钮 ⊄，将"裁剪工具"选中，在画面中裁剪图像。

步骤2： 填充背景。

❶ 在图层面板中选择"背景"背景，并为其填充为白色。

❷ 选中"背景 副本"图层，打开"自由变换"工具，对其进行等比缩小操作。

绘制裁剪框

❷ 变换

❶ 填充　背景 副本　背景

步骤3： 删除选区图像。

将"背景"图层解锁为"图层0"，载入"背景 副本"图层选区后，选中"图层0"后按Delete键将选区图像删除。

步骤4： 查看添加画框效果。

❶ 打开"样式"面板，在面板中打开面板菜单中"抽象样式"选项，在样式中单击"橙底白格"按钮。

❷ 在画面中查看为"图层0"添加样式后的画面效果，完成画框效果的添加。

解锁并删除选区图像　背景 副本　图层 0

❷ 查看添加画框效果

❶ 填充

提示：装裱样式的自定义

　　在 Photoshop 中，不仅可以从"样式"面板中选择系统预设的样式进行装裱样式的添加，还能够通过"图层样式"对话框中的多种选项，自由地设置不同的装裱样式。使用"图层样式"进行装裱设置的方法与其他对图像添加图层样式效果类似。

13.2 数码照片的输出

关键字
存储文档、存储为Web、输出PDF

视频学习 光盘\第13章\13-2-2存储为Web网页格式、13-2-3输出为PDF文档

难度水平
◆◆◆◇◇

数码照片的输出是指在Photoshop中，通过存储和另存等操作保存经过后期处理的照片，可以选择不同的输出方法与格式，可对数码照片的输出进行优化设置，保证照片处于最佳的输出状态。

13.2.1 存储为专业用途的文档

在Photoshop CS4中可以将图像存储为多种专业的图像格式，常用的格式包括了默认的PSD、GIF、EPS和TIFF四种格式。下面分别介绍这几种图像格式的区别。

1. 存储为Photoshop文档

PSD格式是默认的Photoshop文件格式，它是操作灵活性很强的文档格式。可以根据需要很方便地更改和重新处理文档中的图像。在该格式下的文档中保留了所有的图层、蒙版、路径、通道、图层样式、调整图层和文字等信息。

2. 因特网上使用的图像格式

在因特网上常使用的为GIF格式的文档，GIF格式是一种LZW压缩的格式，可最小化文档大小和电子传输时间，可将图像的指定区域设置为透明状态，还可以保存动画效果。

3. 用于印刷的文档格式

印刷时使用的文档常为EPS格式。使用该格式印刷出的图像与原图像非常接近，并且提供印刷时对特定区域进行透明处理的功能。

4. 图像排版位图格式

TIFF是一种灵活的栅格（位图）图像格式，几乎所有的绘画、图像编辑和页面排版应用程序都支持这种格式。

▶ **你问我答**

问：使用"存储"命令和"存储为"命令的区别是什么？

答：在打开的图像文件中，若是对单一的"背景"图层进行操作，可以执行"文件>存储"命令，将设置后的图像保存在原始图像中；若是在原始图像上添加了新的图层等，则需要执行"文件>存储为"菜单命令，选择其他格式的图像进行存储。

13.2.2 存储为Web网页格式

在Photoshop中可以轻松构建网页的组件块，或者按照预设或自定格式输出完整网页，这就需要将图像文件存储为Web网页格式。通过"存储为Web和设备所用格式"命令可以用来导出和优化Web图像，根据预览框中显示的图像的文件画质、容量来调整压缩率和颜色数，可以任意调整并保存这些功能。具体的操作步骤如下。

步骤1：执行菜单命令。
执行"文件>打开"菜单命令，打开随书光盘\素材\13\4.JPG素材文件，再执行"文件>存储为Web和设备所用格式"菜单命令。

步骤2：查看对话框信息。
打开"存储为Web和设备所用格式"对话框。

205

查看打开的对话框

步骤3：修改保存格式。

① 在对话框右侧的选项栏中，单击文件格式下拉列表按钮。

② 在弹出的下拉列表中选择"PNG-24"菜单选项。

步骤4：设置交错选项。

继续在选项栏中勾选"交错"复选框，保存杂边的颜色为白色。

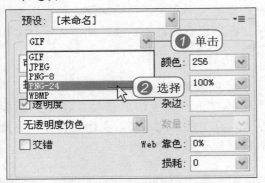

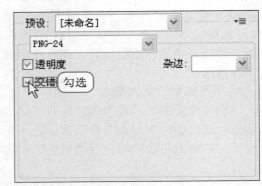

步骤5：查看设置选项。

在"存储为Web和设备所用格式"对话框中设置的存储为PNG-24格式后，单击"存储"按钮。

步骤6：存储结果。

打开"将优化结果存储为"对话框，设置存储的图像文件路径及名称后，单击"保存"按钮。

13.2.3 输出为PDF文档

以 Photoshop PDF 格式可以存储包括 RGB 颜色、索引颜色、CMYK 颜色、灰度、位图模式、Lab 颜色和双色调的图像。由于 Photoshop PDF 文档可以保留 Photoshop 数据，如图层、Alpha 通道、注释和专色，因此可以在 Photoshop CS2 或更高版本中打开文档并编辑图像。下面介绍具体的操作步骤。

步骤1： 选择存储文件格式。

执行"文件>存储为"菜单命令，打开"存储为"菜单命令，在"格式"下拉列表中选择"Photoshop PDF"文件格式，设置后单击"保存"按钮。

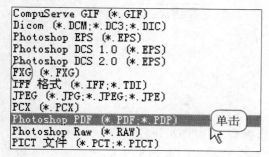

步骤2： 设置选项。

根据上一步设置存储的格式为PDF格式后，打开"存储Adobe PDF"对话框。在该对话框中可以对多个选项进行设置。

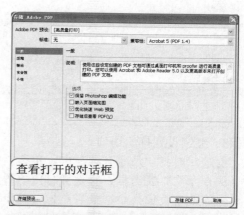

查看打开的对话框

步骤3： 设置压缩属性。

❶ 在"存储Adobe PDF"对话框中，单击左侧的"压缩"选项可以将"压缩"选项区内容打开。可以自由地设置图像压缩的类型以及图像的品质。

❷ 设置完成后单击"存储PDF"按钮。

【摄影讲座】摄影家通常可以分为两类，一类是技术摄影家，而另一类则是主题摄影家。

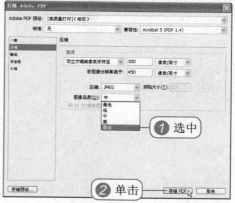

❶ 选中
❷ 单击

13.3 数码照片的打印

关键字
打印选项、打印部分图像

视频学习 光盘\第13章\13-3-1设置打印选项

难度水平
◆◆◆◇◇

在 Photoshop 中可将经过后期处理的照片打印出来。直接进行打印选项的设置，然后发送到多种设备以便直接在纸上打印图像或将图像转换为胶片上的正片或负片图像。

13.3.1 设置打印选项

在对图像进行打印之前，需要提前对打印的图像进行预览、选择进行打印的打印机、设置打印份数、输出选项和对图像的颜色进行管理。下面介绍具体的设置打印选项的操作。

步骤1： 执行菜单命令。

打开需要进行打印的照片图像，执行"文件>打印"菜单命令。

步骤2： 设置打印选项。

❶ 打开"打印"对话框，在中间选项查看打印的份数。

❷ 单击横向页面按钮，将打印的页面进行变换。

置入(L)...	
导入(M)	▶
导出(E)	▶
自动(U)	▶
脚本(R)	▶
文件简介(F)...	Alt+Shift+Ctrl+I
页面设置(G)...	Shift+Ctrl+P
打印(P)...	Ctrl+P
打印一份(Y)	Alt+Shift+Ctrl+P
退出(X)	Ctrl+Q

— 单击

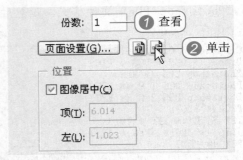

步骤3： 继续设置打印选项。

在"缩放后的打印尺寸"选项中，勾选"缩放以适合介质"复选框，将设置打印的图像自动地缩放至页面大小，最后单击"打印"按钮。

步骤4： 对打印机进行选择。

❶ 在"打印"对话框中，选择进行打印的打印机。

❷ 设置需要打印的页数等选项，再单击"打印"按钮即可。

缩放后的打印尺寸

缩放(S):	119%
高度(H):	20.99
宽度(W):	27.41

打印分辨率: 60 PPI

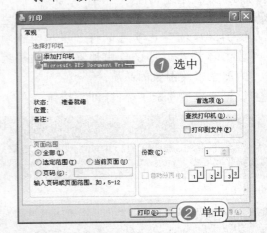

13.3.2 打印部分图像

在Photoshop中，除了可以对整体图像进行打印设置，还可以通过选框工具对部分选区中的图像进行打印设置，更突出了图像打印的自由性。下面通过"矩形选框工具"绘制矩形选区并对选区中的图像进行打印设置的过程进行介绍。

208

步骤1：选择工具并设置矩形选区。

打开随书光盘\素材\13\5.JPG素材文件，在工具箱中单击"矩形选框工具"按钮 ，在画面中单击并拖曳出一个适合大小的矩形选区。

步骤2：设置打印选定区域。

❶ 执行"文件>打印"菜单命令，打开"打印"对话框，在对话框中间的下方勾选"打印选定区域"复选框。

❷ 取消勾选"定界框"复选框，再单击"打印"按钮即可。

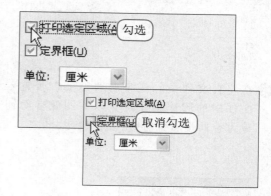

···知识进阶：在一个文档内打印多幅照片···

通过新创建的空白文件，设置不同尺寸的照片效果，进行图像大小的变换并进行一定结构的排列，将多个尺寸的图像效果在同一文档中进行打印。具体的操作步骤如下。

光盘	第13章 \ 在一个文档内打印多幅照片

❶ 执行"文件>新建"菜单命令，打开"新建"对话框，在"预设"下拉列表中，选择"国际标准纸张"选项。

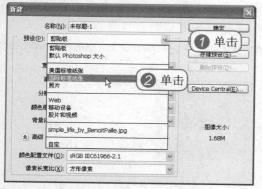

❷ 继续在"新建"对话框中，打开"大小"下拉列表，选择"A4"选项，设置完成后单击"确定"按钮。

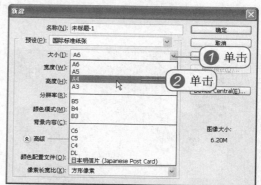

❸ 创建标准的A4大小的空白文件后，执行"图像>图像旋转>90度（顺时针）"菜单命令，将竖向的文件旋转至横向。

❹ 执行"文件>置入"菜单命令，打开"置入"对话框。在对话框中选择需要置入的照片图像，选中后单击"置入"按钮。

⑤ 在空白文件中，将查看通过上一步置入文件中的照片图像，置入的图像自动创建为智能图层带有交叉线的置入框。

查看置入图像效果

⑥ 选中置入的图像图层，单击右键在弹出的快捷菜单中选择"栅格化图层"菜单命令，将其转换为普通图层，对转换的图层进行复制并进行图像大小的变换。

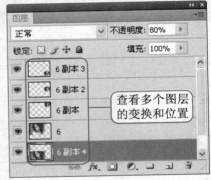

查看多个图层的变换和位置

⑦ 在画面中查看根据上一步进行图像的复制和变形后的画面效果，再执行"文件>打印"菜单命令。

查看变换的图像效果

⑧ 在打开的"打印"对话框中，设置合适的打印属性和选项。设置完成后单击"打印"按钮，对变换的图像进行打印页面设置并进行打印操作。

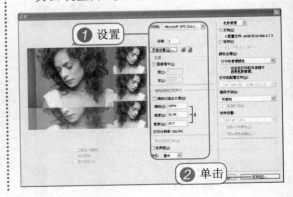

210

Chapter 14

照片处理综合实例

流逝的季节

数码照片处理的综合应用包括多种数码照片的修饰方式和色调调整，对于多种颜色的表现形式可以通过不同的调整手法来实现。

在照片处理综合实例中，包含了对数码照片季节性变换的色彩处理，通过部分色彩的变换体现整体色调的修改，利用"通道混合器"、"黑白"、"色阶"和"曲线"等调整命令对照片进行多种色调和影调的变换，应用Lab颜色模式为照片增光添彩。

14.1 特殊影调的处理

关键字
色调变换、部分色调、影调修改

难度水平
◆◆◆◇◇

视频学习 | 光盘\第14章\14-1特殊影调的处理

　　本实例的制作将为一张普通的外景照片进行季节的变换设置，通过色调的整体变化和部分细节的变换，可以通过"通道混合器"调整图层的添加和混合模式的设置，可以将照片发生季节变换的效果。下面将介绍详细的制作过程。

❶ 执行"文件>打开"菜单命令，打开随书光盘\素材\14\1.JPG素材文件。

查看素材图像效果

❷ 执行"窗口>图层"菜单命令，打开"图层"面板。在面板下方单击"添加新的填充或调整图层"按钮，在弹出的菜单中选择"通道混合器"菜单选项。

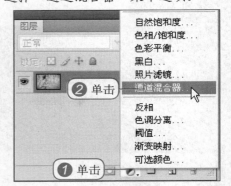

❸ 在"调整"面板中，设置"通道混合器"的输出通道为"红"，调整颜色浓度值分别为-50、+200、-50。

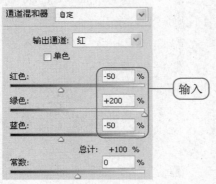

输入

❹ 在画面中查看根据上一步添加"通道混合器"调整图层后的效果。

查看为背景添加颜色效果

❺ 在"图层"面板中，调整"通道混合器1"图层的混合模式为"变亮"模式，调整图层的不透明度为50%。设置后的画面效果绿色全部被替换了。

❻ 在"图层"面板中，在"通道混合器"调整图层上添加"可选颜色"调整图层，设置颜色为"红色"，调整颜色浓度为0%、+30%、+35%、-10%。

212

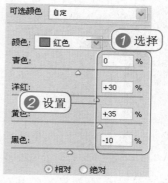

⑦ 单击"颜色"下拉列表按钮，在弹出的下拉列表中选择"黄色"。

⑧ 在选中的"黄色"可选颜色中，调整颜色浓度为-60%、+20%、-40%、-25%。

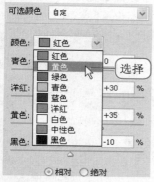

⑨ 继续在"可选颜色"调整面板中选择可选颜色为"中性色"，设置颜色浓度为0%、-15%、-20%、+20%。

⑩ 根据之前添加的"可选颜色"调整，在画面中查看色调变换后的效果。

⑪ 在"可选颜色"调整图层上添加一个"曲线"调整图层，在"调整"面板的曲线选项中，为RGB曲线设置输出值为155，输入值为125。

⑫ 根据上一步添加"曲线"调整图层后，画面整体亮度加强。

213

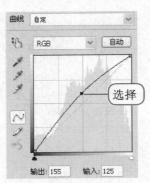

查看调整部分颜色效果

⑬ 单击工具箱中的"画笔工具"按钮 ✐ ，选择"画笔工具"，打开"画笔"拾取器，设置画笔主直径为150px，在选项栏中设置不透明度为50%。

⑭ 在"曲线"调整图层蒙版上使用上一步设置的画笔进行涂抹，在"图层"蒙版中查看涂抹图层蒙版后的效果。

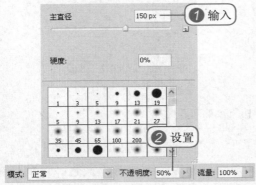

①输入

②设置

214

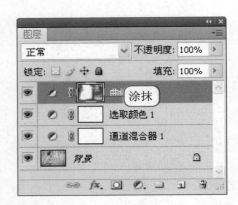

涂抹

⑮ 根据上一步为"曲线"调整图层涂抹图层蒙版后，查看画面中的图像效果边缘位置颜色层次更加明显。

⑯ 在"图层"面板中，按Shift+Ctrl+Alt+E快捷键盖印一个可见图层。盖印可见图层为"图层1"图层。

查看调整部分颜色效果

盖印可见图层

⑰ 选中"图层1"图层，执行"滤镜>锐化>USM锐化"菜单命令，打开"USM锐化"对话框，设置数量为56%，半径为2.0像素，阈值为4色阶。设置后单击"确定"按钮。

⑱ 在画面中查看根据上一步添加"USM锐化"滤镜后的效果。

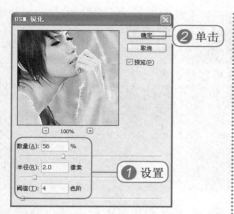

查看锐化图像效果

⑲ 执行"图像>画布大小"菜单命令，打开
"画布大小"对话框。在新建大小选项
下，设置宽度为110百分比，高度为115
百分比，设置画布扩展颜色为黑色，设
置后单击"确定"按钮。

⑳ 根据上一步对画布进行设置，为图像的
四周添加边框，在画面中查看变换画布
后的效果。

查看设置边框效果

215

㉑ 选中"图层1"图层后，为该图层添加
"描边"图层样式，设置描边大小为2像
素，位置为"内部"，颜色为白色，如
下图所示。设置后单击"确定"按钮。

㉒ 选中工具箱中的"横排文字工具"在画
面中添加合适的文字内容，并在文字下
方添加合适的模糊效果，完成本实例的
制作。

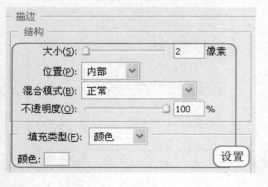

添加文字 —— 流逝的季节

数码照片的商业化处理

关键字
高反差保留、黑白、色阶、曲线

视频学习　光盘\第14章\14-2数码照片的商业化处理

　　本实例通过对普通风景照片进行颜色变换，打造具有商业色彩的画面效果。通过"高反差保留"滤镜设置画面的清晰效果，通过添加"黑白"调整图层设置强对比的天空效果，通过"色阶"调整图层的添加，设置前景图像的明亮感，最后再通过渐隐的"进一步锐化"滤镜，设置层次分明的画面效果。下面将介绍详细的设计过程。

❶ 打开随书光盘\素材\14\2.JPG素材文件，在画面中查看素材图像效果。

查看素材图像效果

❷ 在"图层"面板中，将"背景"图层拖曳至"创建新图层"按钮 ⬜ 上，创建"背景副本"图层。

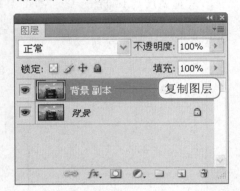

复制图层

❸ 在"背景副本"图层上，执行"滤镜>其他>高反差保留"菜单命令。

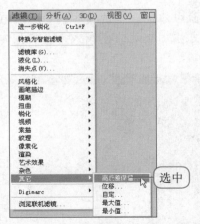

选中

❹ 打开"高反差保留"对话框，设置半径值为1.0像素，设置完成后单击"确定"按钮。

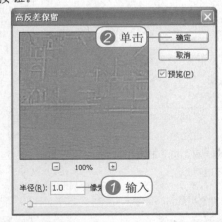

② 单击

① 输入

❺ 根据上一步添加的"高反差保留"滤镜效果，调整"背景副本"图层的混合模式为"叠加"模式。

❻ 在"图层"面板中，将"背景副本"图层拖曳至"创建新图层"按钮上，拖曳两次再创建2个图层副本。

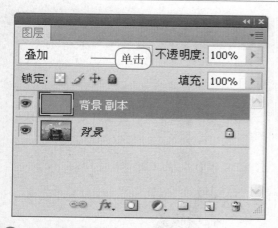

⑦ 在"背景副本3"图层上，按Shift+Ctrl+Alt+E快捷键盖印一个可见图层为"图层1"图层。

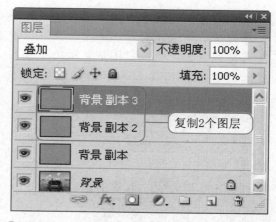

⑧ 在画面中查看设置了多个图层副本后的效果，提升了原始照片的清晰度。

⑨ 在"图层1"图层上添加一个"黑白"调整图层，在"调整"面板的黑白选项中，设置颜色浓度分别为40、60、40、-60、20、-40。

查看盖印图层效果

⑩ 将上一步添加的"黑白"调整图层混合模式设置为"正片叠底"模式，设置后的画面提升了暗部细节。

② 查看设置图层效果

① 设置

217

⑪ 在"图层"面板中选中"黑白"调整图层的图层蒙版，打开"画笔工具"，设置前景色为黑色，在图层蒙版的下半部分进行涂抹，保留天空的颜色变换效果。

② 查看涂抹蒙版效果

① 设置

黑白1

⑫ 在"黑白"调整图层上添加一个"色阶"调整图层，设置输出色阶值为0、1.83、168。

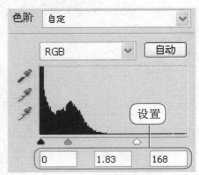

色阶 自定

RGB 自动

设置

0 1.83 168

⑬ 在画面中查看根据上一步添加"色阶"调整图层后的画面效果如下图所示，画面整体亮度提升。

查看调整色阶效果

⑭ 为"色阶"调整图层的图层蒙版填充黑色，再设置前景色为白色，选择画笔工具在画面中的技术框架位置进行涂抹，保留金属支架图像的变换效果。

② 查看涂抹蒙版效果

① 设置

色阶1

⑮ 在"色阶"调整图层上添加一个"自然饱和度"调整图层，设置自然饱和度的值为+80。

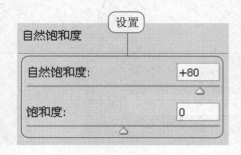

设置

自然饱和度

自然饱和度：   +80

饱和度：   0

⑯ 查看根据上一步为图像添加"自然饱和度"调整图层后，画面效果如下图所示，整体颜色浓度增加。

查看调整饱和度效果

⑰ 在"自然饱和度"调整图层上，新建一个"曲线"调整图层，设置输出为153，输入为137。

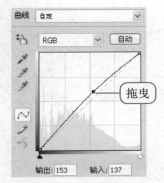

拖曳

输出: 153   输入: 137

⑱ 根据上一步添加的"曲线"调整图层，在画面中查看提升整体画面亮度后的效果。

查看调整曲线效果

⑲ 在"图层"面板中，再盖印一个可见图层为"图层2"图层。

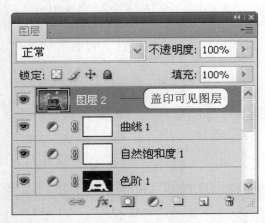

盖印可见图层

⑳ 选中"图层2"图层，执行"滤镜>锐化>进一步锐化"菜单命令。

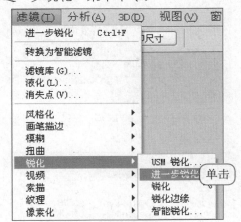

单击

㉑ 在为"图层2"图层添加"进一步锐化"滤镜后，执行"编辑>渐隐"菜单命令，打开"渐隐"对话框，设置不透明度为80%，设置后单击"确定"按钮。

1 设置   2 单击

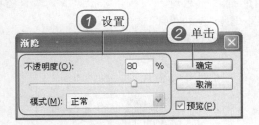

㉒ 根据上一步对添加的"进一步锐化"滤镜进行渐隐操作后，在画面中查看设置后的图像效果。

查看调整渐隐效果

14.3 个性化照片的合成艺术

关键字
更改饱和度、素材添加、渐变叠加

视频学习 光盘\第14章\14-3个性化照片的合成艺术

难度水平
◆◆◆◆◇

本实例将一张色彩平淡的数码照片变得浓烈而华丽，通过添加色彩缤纷的素材图形打造带有跃动感的个性化照片，通过RGB颜色模式和Lab颜色模式的转换，打造绚丽的照片色彩，通过"海绵工具"的应用对部分图像的饱和度进行变换。具体的制作过程如下。

① 打开随书光盘\素材\14\3.JPG素材文件，在画面中查看图像效果。

查看素材图像效果

② 在"图层"面板中，为"背景"图层添加一个图层副本"背景副本"图层。

复制图层

③ 在"背景副本"图层中，执行"图像>模式>Lab颜色"菜单命令。

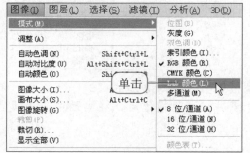
单击

④ 在弹出的警示对话框中，单击"不拼合"按钮。

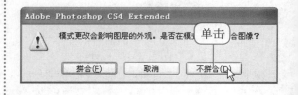
单击

⑤ 执行"选择>全部"菜单命令，将画面图像全选。

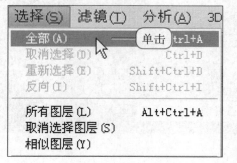
单击

⑥ 打开"通道"面板，单击"a"通道缩略图，选中"a"通道。

选中

⑦ 按Ctrl+C快捷键复制上一步选中的"a"通道，再选中"明度"通道，如下图所示，再按Ctrl+V快捷键将复制的通道内容粘贴至明度通道中。

⑧ 在"通道"面板中选中"Lab"通道缩略图，选中Lab通道。

⑨ 返回到"图层"面板中，调整"背景副本"图层的混合模式为"柔光"模式，在画面中查看调整图层混合模式后的效果。

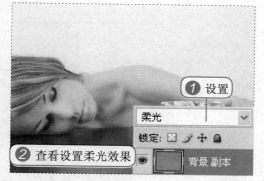

⑩ 在"背景副本"图层上，盖印一个可见图层，创建盖印图层为"图层1"图层。

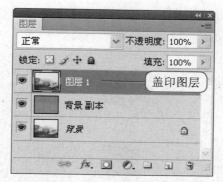

⑪ 打开"通道"面板，选中"b"通道，如下图所示，按Ctrl+C快捷键复制该通道内容至剪贴板。

⑫ 选中"明度"通道后，再按Ctrl+V快捷键将剪贴板中的内容粘贴至"明度"通道中，如下图所示，再单击"Lab"通道缩略图，选中"Lab"通道。

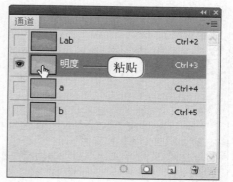

⑬ 返回至"图层"面板中，调整"图层1"
图层的混合模式为"柔光"模式，设置
后的画面效果色彩变得更强烈。

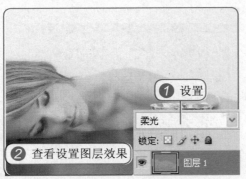

⑭ 在"图层"面板中，再次按Shift+Ctrl+
Alt+E快捷键盖印一个可见图层，创建图
层为"图层2"。

⑮ 在"图层2"上再盖印一个图层后，执行
"图像>模式>RGB颜色"菜单命令，将图
像模式进行转换。选择工具箱中的"海
绵工具" ，在选项栏中进行设置，如
下图所示，设置后在画面中人物皮肤上
进行涂抹。

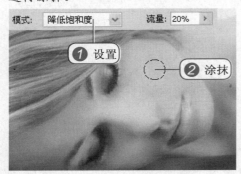

⑯ 根据上一步选择的"海绵工具"，降低
画面中人物皮肤的饱和度，均匀涂抹后
的人物皮肤饱和度将降低至一定程度。

⑰ 在"图层"面板中，调整"图层3"图层
的混合模式为"滤色"模式，设置不透
明度为50%，设置后皮肤效果显得具有光
泽。

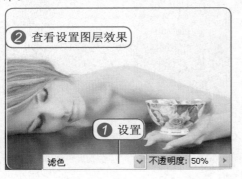

⑱ 在"图层3"图层上添加一个"可选颜
色"调整图层，设置"红色"下的颜色
浓度为-50%、0%、0%、0%。

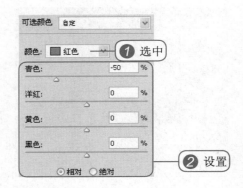

⑲ 继续设置"可选颜色"选项中的"黄色"可选颜色,调整颜色浓度为+50%、0%、0%、−20%。

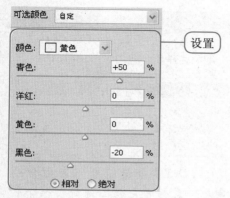

⑳ 根据添加的"可选颜色"调整图层,在画面中调整画面中的色彩效果。

查看调整部分颜色效果

㉑ 在"可选颜色"调整图层之上,再盖印一个可见图层"图层4"图层,再次选中"海绵工具",在选项栏中设置模式为"饱和",流量为20%,调整画笔至合适大小。

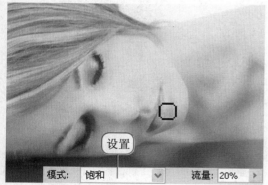

设置

模式: 饱和   流量: 20%

㉒ 根据上一步设置的"海绵工具"在人物的五官位置进行涂抹,增强人物的妆面效果,查看涂抹后的效果。

查看涂抹图层效果

㉓ 打开随书光盘\素材\14\4.JPG素材文件,在画面中查看素材图像效果。

查看素材图像效果

㉔ 单击工具箱中的"魔棒工具",设置容差为30,取消勾选"连续"复选框,在画面的背景位置单击。

② 单击

① 设置

容差: 30   ☑消除锯齿   □连续

223

新手易学

㉕ 根据上一步使用魔棒工具对背景进行单击载入背景图像后，载入画面中的背景图像选区。

查看载入选区效果

㉖ 执行"选择>反向"菜单命令，将上一步设置的背景选区反选，再按Ctrl+C快捷键将选区图像复制到剪贴板。

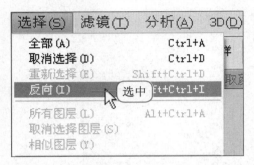

选择(S)	滤镜(T)	分析(A)	3D(D)
全部(A)			Ctrl+A
取消选择(D)			Ctrl+D
重新选择(E)			Shift+Ctrl+D
反向(I)	选中		t+Ctrl+I
所有图层(L)			Alt+Ctrl+A
取消选择图层(S)			
相似图层(Y)			

㉗ 返回人物素材文件，按Ctrl+V快捷键将剪贴板中的花纹素材添加在画面中，自动创建新图层"图层5"。

查看粘贴图像效果

㉘ 按Ctrl+T快捷键打开"自由变换"工具，将素材的花纹图像进行缩小和旋转操作，调整素材花纹至画面适合位置，设置后按Enter键确定变换。

变换图像

㉙ 为"图层5"图层添加一个图层蒙版，选择"画笔工具"，设置前景色为黑色，在素材图像的底部进行涂抹，将素材图像自然地融合在人物图像中。

❷ 查看添加蒙版效果　　❶ 设置　　图层5

㉚ 选择工具箱中的"横排文字工具"，在画面中添加合适的文字，将每个文字放置在不同的图层上，适当地调整文字的不透明度和角度后，在画面中查看添加的文字效果。

形色生活　　添加文字

224

③① 选中"色"字所在的图层，为该图层添加"渐变叠加"图层样式。打开"渐变编辑器"对话框后，再通过吸管工具在画面中吸取素材的多种颜色，设置渐变色后，调整线性渐变，并设置角度为103度。

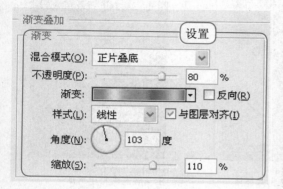

③② 根据上一步为文字添加的"渐变叠加"图层样式后，在画面中查看效果，完成本实例的制作。

查看添加渐变叠加效果

225

好书推荐

Photoshop CS3/CS4
中文版从入门到精通

作者：雷波
书号：978-7-111-26093-6
定价：89.00元

Photoshop CS4
中文版超酷图像特效技法

作者：雷剑
书号：978-7-111-26106-3
定价：79.80元

Photoshop CS3/CS4
中文版完全自学手册

作者：雷剑
书号：978-7-111-26092-9
定价：79.00元

Maya 2008/After Effects CS3
影视包装技法

作者：范玉婵
书号：978-7-111-26105-6
定价：88.00元

Photoshop CS4
视觉特效与图像合成技法

作者：雷剑
书号：978-7-111-26094-3
定价：79.00元

Photoshop
中文版数码照片处理技法精粹

作者：雷波
书号：978-7-111-24411-0
定价：69.80元

3ds maxVRay
室内效果图渲染技法

作者：范玉婵
书号：978-7-111-26135-3
定价：79.00元

著名风光摄影家李少白先生，两站知名摄影网媒迪派网、博色网联合推荐.

14种实用技巧全面提升风光摄影水平..

23类主题涵盖风光摄影各个领域

60位摄影师与您分享风光摄影心得

145张精美照片解析风光摄影实拍技术

...

作者：《数码摄影》杂志社
书号：978-7-111-28791-9
定价： 59.00元

用傻瓜相机也能拍出大师风采

这是市面上第一本讲解如何用"休闲娱乐"类普通傻瓜DC拍出专业级好照片的书籍。本书深入浅出地介绍了摄影的基本理论，再结合相机功能的对照分析，教你用随身相机也能拍出惊艳之作。

作者：橘子哥
书号：978-7-111-28467-3
定价： 35.00元

读者意见互动交流信息卡

亲爱的读者：

    首先非常感谢您对我们这套《新手易学》丛书的支持与厚爱，同时为了以后给您以及广大读者朋友们提供更多优秀书籍，请您在百忙之中抽出时间来填写我们的这张互动交流信息卡。我们会认真分析和采纳您所给出的意见，并尽最快速度给您回复！期待您的来信！

邮件地址：北京市西城区百万庄南街 1 号机械工业出版社华章公司计算机图书策划部

邮政编码：100037

电子信箱：hzjsj@hzbook.com

本书名：新手易学——中文版 Photoshop CS4 数码照片处理

读者资料：

姓名：＿＿＿＿＿＿＿   性别：□男 □女 出生年月（或年龄）：＿＿＿＿＿   职业：＿＿＿＿＿＿

文化程度：＿＿＿   通信地址：＿＿＿＿＿＿＿＿＿＿＿＿＿

电话：＿＿＿＿＿＿＿   电子信箱（E-mail）＿＿＿＿＿＿＿   QQ（或 MSN）：＿＿＿＿＿＿

您获知本书的途径：

□其他人介绍   □书店   □出版社图书目录

□网上（网址）＿＿＿＿＿＿＿＿

□报纸、杂志＿＿＿＿＿＿＿＿＿＿

您购买本书的地点：

□书店   □报刊亭 □电脑商店   □邮购

□网上   □商场

您最希望的购买地点是＿＿＿＿＿＿＿＿＿＿＿

您购买过本系列几本书：

□1 本 □2 本 □3 本 □4 本 □5 本以上

让您决定购买本书的最主要因素是：

□图书内容   □价格   □封面设计   □光盘

□出版社名声   □丛书序言、前言或目录

□双色印刷   □其他＿＿＿＿＿＿＿＿＿＿

您对本书封面设计的满意度：

□很满意 □比较满意 □一般 □较不满意

□建议＿＿＿＿＿＿＿＿＿＿＿＿＿＿

您对本书排版方式的满意度：

□很满意 □比较满意 □一般 □较不满意

□建议＿＿＿＿＿＿＿＿＿＿＿＿＿＿

您更喜欢哪种排版方式：

□单栏 □双栏 □单双混合 □其他＿＿＿＿＿

您对本书的总体满意度：

□很满意 □比较满意   □一般

□较不满意   □建议＿＿＿＿＿＿＿＿＿＿＿

您希望增加哪些系别的图书：

＿＿＿＿＿＿＿＿＿＿＿＿＿＿＿＿

您对本书配套多媒体光盘是否满意：

＿＿＿＿＿＿＿＿＿＿＿＿＿＿＿＿

您能接受这类图书价格是多少

□价格＿＿＿＿＿＿

您更喜欢使用中文版软件还是外文版软件？

□中文版 □外文版 □都可以

□建议＿＿＿＿＿＿＿＿＿＿＿＿＿＿

您对书中所用软件版本是否很介意？是否要求用最新版本？

□是，要求是最新版本   □都可以

□建议版本＿＿＿＿＿＿＿＿＿＿＿

您更喜欢阅读哪些层次的计算机书籍？

□入门类 □提高类 □技巧类

□实例类 □大全类 □教程类

□建议＿＿＿＿＿＿＿＿＿＿＿＿＿

您更喜欢哪种印刷方式的图书

□单色   □双色   □全彩

□其他＿＿＿＿＿＿＿＿＿＿＿＿

其他要求与建议：

＿＿＿＿＿＿＿＿＿＿＿＿＿＿＿＿

＿＿＿＿＿＿＿＿＿＿＿＿＿＿＿＿

＿＿＿＿＿＿＿＿＿＿＿＿＿＿＿＿